Kasidi Simon

Análise aeromagnética sobre Jalingo e arredores NE Nigéria

Kasidi Simon

Análise aeromagnética sobre Jalingo e arredores NE Nigéria

Imprint
Any brand names and product names mentioned in this book are subject to trademark, brand or patent protection and are trademarks or registered trademarks of their respective holders. The use of brand names, product names, common names, trade names, product descriptions etc. even without a particular marking in this work is in no way to be construed to mean that such names may be regarded as unrestricted in respect of trademark and brand protection legislation and could thus be used by anyone.

Cover image: www.ingimage.com

This book is a translation from the original published under ISBN 978-620-2-00414-5.

Publisher:
Sciencia Scripts
is a trademark of
Dodo Books Indian Ocean Ltd. and OmniScriptum S.R.L publishing group

120 High Road, East Finchley, London, N2 9ED, United Kingdom
Str. Armeneasca 28/1, office 1, Chisinau MD-2012, Republic of Moldova, Europe
Printed at: see last page
ISBN: 978-620-7-74347-6

Índice:

DEDICAÇÃO

Esta tese é dedicada a Deus Todo-Poderoso que me concedeu a graça de realizar o trabalho de investigação e aos meus queridos pais.

RECONHECIMENTO

A compilação deste trabalho de investigação não teria sido possível sem a ajuda de muitos outros que contribuíram financeiramente, logisticamente e moralmente.

Em primeiro lugar, agradeço ao Senhor Todo-Poderoso, o meu Criador e o meu Redentor, por me ter guiado ao longo desta investigação e pela Sua graça em me ter feito ir ao encontro do favor das pessoas na área de estudo e fora dela. Ahmed Nur e ao Dr. N.E. Bassey pela sua orientação contínua, encorajamento e discussões inestimáveis. Agradeço ao meu competente diretor Dr. Y.D. Mamman, ao Dr. Ishaku Jackson, ao Dr. I.V Haruna e a todos os meus professores do Departamento de Geologia.

Estou muito grato ao Prof. Markku Pirtirjarvi, da Universidade de Oolu, Finlândia, por nos ter fornecido o software do campo potencial, que utilizámos para a análise. A minha profunda gratidão vai para o Dr. N. Bulama, que me ajudou a escrever programas informáticos em Visual Basic e Matlab durante a análise. Agradeço à Universidade Estatal de Adamawa, em Mubi, por ter patrocinado o trabalho de investigação a nível financeiro, logístico e moral. O meu apreço vai também para o Comité de Examinadores pela sua sabedoria e pelo tempo que dedicaram a este trabalho.

A minha profunda gratidão vai para a minha querida esposa, Sra. Dorcas S. Kasidi, pela sua ajuda e paciência durante o período dos meus estudos. Um agradecimento especial vai também para todos os meus amigos que me ajudaram financeiramente e de outra forma, especialmente Kumthi Ezra Angili, Sr. Solomom N. Yusuf, Dr. Singh Kumar Shiv

Por fim, agradeço o esforço do Sr. Bawa, que me ajudou a obter o modelo digital de elevação (DEM) da base de dados do sistema de informação geográfica do United State Geological survey, e de Yohanna Peter, que gastou o seu tempo a produzir o mapa geológico da área de estudo, e de todos os que me ajudaram de uma forma ou de outra.

RESUMO

Este trabalho de investigação, intitulado Análise de dados aeromagnéticos sobre Jalingo e arredores no nordeste da Nigéria, foi realizado com o objetivo de interpretar dados aeromagnéticos para determinar a profundidade das fontes magnéticas, padrões estruturais e potenciais de mineralização secundária, profundidades curie, fluxo de calor e potenciais geotérmicos. A área abrange aproximadamente 48.400 km^2 e é limitada pelas latitudes 7° 00' e 9° 00' N e pelas longitudes 10° 00' e 12° 00' E. Foram efectuadas técnicas bidimensionais de análise espetral e modelação 2-D da anomalia magnética para estimar as profundidades dos corpos magnéticos de origem. Para o efeito, foram utilizados os programas informáticos fourpot e WinGlink, respetivamente. Os resultados da análise espetral indicam duas profundidades de fonte na parte noroeste e uma única fonte na outra parte da área de estudo, que cobrem 25,5% e 74,5%, respetivamente. As duas profundidades de fonte têm fontes mais profundas e mais superficiais. As fontes magnéticas mais profundas são devidas ao subsolo pré-cambriano e variam entre 551 e 1850 m, enquanto as fontes magnéticas mais superficiais variam entre 126 e 550 m, representando fontes magnéticas mais superficiais do que o complexo do subsolo pré-cambriano. De forma semelhante, os resultados da modelação 2-D de alguns perfis seleccionados mostraram que as profundidades dos corpos magnéticos variam entre 100 e 1800 m. Este resultado é consistente com o que foi obtido a partir do método de análise espetral. A partir do resultado da estimativa da profundidade, as áreas de sobrecarga espessa/base de água e alta densidade de fracturas são consideradas locais potenciais para a exploração de água subterrânea. Os campos residuais observados na área de estudo foram também submetidos a uma transformada de Hilbert 2-D utilizando o software Origin pro 8.5.1. Isto foi feito para delinear os lineamentos. Os resultados obtidos no estudo mostraram que as rochas pré-cambrianas do nordeste da Nigéria foram fortemente falhadas, fracturadas e invadidas por diques e rochas ígneas. A partir do mapa de sinais analíticos, a direção dos lineamentos indica que 55% têm tendências NE-SW, 30% NW-SE, 10% E-W e 5% N-S. As tendências destes lineamentos estão em linha com o episódio de deformação Pan-Africano e Pré-Pan-Africano no complexo basal do Nordeste e são locais potenciais para mineralização secundária. Da mesma forma, as estimativas das profundidades de Curie, fluxo de calor e gradiente geotérmico foram feitas a partir da análise espetral usando um programa em Matlab e fórmulas empíricas. Os resultados obtidos para a profundidade de Curie variam entre 24 e 28 km, o fluxo de calor varia entre 52 e 60 mWm^{-2} e o gradiente geotérmico varia entre 21 e 23° C/km, respetivamente. Um gráfico da profundidade do ponto Curie contra o fluxo de calor mostrou uma relação inversa, o que significa que a profundidade Curie na área de estudo não é uniforme. Os resultados da profundidade de Curie, fluxo de calor e gradiente geotérmico obtidos são consistentes com o regime geotectónico prevalecente na área de estudo. No entanto, este estudo ilustrou que os dados magnéticos de superfície podem ser utilizados para produzir uma estimativa da profundidade do ponto Curie mesmo para a região com escassez de dados de fluxo de calor e gradiente geotérmico

PALAVRAS-CHAVE: Dados aeromagnéticos, Lineamentos, Four pot, Isoterma de Curie, Fluxo de calor, Matlab.

CAPÍTULO 1
INTRODUÇÃO

1.1 Antecedentes do estudo

As técnicas geofísicas medem fenómenos físicos para fornecer informações sobre as propriedades da terra. As medições são geralmente definidas em termos de anomalias relativamente a um fundo. O método magnético dos levantamentos geofísicos consiste em medir o campo da terra que exprime a variação da suscetibilidade da subsuperfície. Normalmente, valores de campo de alta intensidade indicam materiais de suscetibilidade em relação às rochas hospedeiras.

O método de exploração magnética tem uma longa história. Acredita-se geralmente que os chineses foram os primeiros a utilizar as propriedades direccionais das rochas ricas em magnetite, há vários séculos. Atualmente, a prospeção magnética é um dos métodos geofísicos mais utilizados em termos de levantamentos de comprimento de linha. É uma técnica rápida e económica para localizar minérios escondidos e estruturas associadas a depósitos minerais. A prospeção magnética e gravítica, também designada por prospeção de "campos potenciais", é utilizada para dar aos geocientistas uma forma indireta de "ver" sob a superfície da Terra, através da deteção de diferentes propriedades físicas das rochas (magnetização e densidade, respetivamente). A exploração gravitacional e magnética pode ajudar a localizar falhas e hospedeiros de minerais, petróleo e águas subterrâneas. Os levantamentos de campo potencial são passivos, baratos e capazes de cobrir grandes áreas no solo.

A força que um íman exerce sobre uma lima de ferro ou a força que o campo magnético da Terra exerce sobre a agulha de uma bússola são dois exemplos comuns de magnetismo. Um campo magnético tem intensidade e direção. A intensidade da força magnética depende da quantidade de material magnético presente e da sua distância e direção em relação ao detetor. O campo magnético da Terra é provavelmente causado pelo movimento do ferro parcialmente fundido no núcleo externo da Terra. A intensidade do campo magnético aumenta de 25.000 nano teslas (nT) no equador magnético para 70.000 nT nos pólos magnéticos (Prabhakar e Naidu 1998). O campo magnético da Terra muda de intensidade e de direção lentamente ao longo do tempo. Como todos os ímanes dipolares, a Terra tem um campo magnético (também chamado núcleo ou campo principal) que tem pólos Norte e Sul. O ângulo entre a agulha de uma bússola e o norte verdadeiro é designado por declinação magnética. A extremidade da agulha de uma bússola que procura o norte e que é livre de se orientar numa direção de cima para baixo apontará para baixo no Hemisfério Norte e para cima no Hemisfério Sul. O ângulo entre a agulha e a horizontal é designado por inclinação magnética

O campo magnético é um fenómeno complexo que resulta de distribuições complexas de magnetização na crosta terrestre. Em termos gerais, existem dois tipos de magnetização que contribuem para os campos magnéticos externos causados por características geológicas. O componente mais comum resulta de minerais magnéticos imersos no campo ambiente da terra (magnetização induzida) (Likkason 2007). Uma contribuição menos comum, mas de igual ou, no mesmo caso, o efeito dominante, é uma resposta deixada por eventos geológicos antigos (magnetização remanescente). Muitas anomalias magnéticas são combinações de ambos os tipos de magnetização, na maioria destes casos os vectores de campo remanescente e induzido apontam em direcções diferentes, o rácio entre a magnetização remanescente e a magnetização induzida é o rácio de koennigsberger e expressa a contribuição relativa de cada um destes dois vectores para as formas e amplitude da anomalia.

A magnetização remanescente é geralmente definida como a magnetização incorporada na composição mineral da rocha devido à direção do campo terrestre quando a rocha foi formada. A magnetização remanescente também pode ser causada por reacções químicas a temperaturas superiores e inferiores ao ponto Curie, ou por exposição prolongada a um campo externo (Zietz e Andreasen 1967, Roest e Pilkington 1993).

Sharma (1987) referiu que cerca de *60%* dos levantamentos magnéticos são efectuados para fins de cartografia geológica regional e exploração mineral, sendo os restantes principalmente para exploração petrolífera. Para a exploração mineral, os depósitos minerais como a magnetite, a pirrotite ilmenite e, em menor grau, a hematite podem dar origem a grandes anomalias magnéticas. Os minérios de manganês e crómio também podem produzir anomalias detectáveis, outros minérios, eles próprios não magnéticos, podem estar associados a rochas magnéticas, por exemplo, a ocorrência de ouro em rochas ígneas intrusivas, ou diamantes em tubos kimberlíticos. Domzalski (1958) salientou que as anomalias aeromagnéticas reflectem a localização de rochas com maior concentração de magnetite, que também contém concentrações de minerais de nióbio. Numa escala mais pequena, a prospeção magnética terrestre é frequentemente útil para geólogos de engenharia e hidrogeólogos na localização de elementos enterrados, tais como contactos subterrâneos no subsolo, falhas e diques. Pode também ser aplicada em investigações arqueológicas e geotécnicas para a localização de objectos ferrosos artificiais enterrados.

Becker (1991) referiu que a prospeção arqueológica requer algumas técnicas específicas em comparação com a "prospeção geofísica normal". A prospeção magnética, por exemplo, requer uma sensibilidade muito elevada, uma velocidade elevada, uma boa resolução espacial e uma redução perfeita das perturbações externas.

Uma das principais utilizações da prospeção magnética é a ajuda à cartografia geológica, em regiões extensas onde existe uma cobertura sedimentar espessa, podendo ser reveladas características estruturais se estiverem presentes horizontes magnéticos, tais como arenitos e xistos ferruginosos, tufos e fluxos de lava na sequência sedimentar. Na ausência de sedimentos magnéticos, os dados do levantamento magnético podem fornecer informações sobre a natureza e as rochas, ou diamantes em tubos kimberlíticos. Nos estudos académicos, o método magnético pode ser utilizado para fornecer informações sobre as estruturas geológicas a todas as escalas.

Um mapa típico de intensidade de campo magnético total é dominado por anomalias amplas, que são em grande parte indicativas das variações magnéticas regionais nas rochas do subsolo profundo. Como regra geral, com excepções, as fontes profundas (resultantes da topografia, características regionais e campo magnético do núcleo) têm uma resposta de comprimento de onda longo (baixa frequência) e as fontes magnéticas superficiais (pouca profundidade) têm uma resposta de comprimento de onda curto (alta frequência). Assim, para enfatizar, as anomalias podem ter origem mais perto da superfície, e as profundidades para estas várias fontes podem ser estimadas através da análise espetral dos dados magnéticos.

No entanto, o estudo apresentado nesta investigação também inclui a avaliação das anomalias aeromagnéticas totais para estimar a profundidade do ponto Curie, o fluxo de calor e o gradiente geotérmico, que no passado receberam pouca atenção de geólogos e geofísicos. Isto pode ser devido à falta de valores geológicos e económicos imediatos, apesar de se estar a tornar rapidamente uma área de estudo importante para os geocientistas. Tendo em conta este facto, estão a ser envidados esforços crescentes para explorar novas e mais localizações energéticas, fazendo parte da Linha Vulcânica dos Camarões na Nigéria. No entanto, o estudo geofísico na área é mínimo, não havendo registos de estudos da temperatura da crosta. A isoterma de profundidade Curie em conjunto com a avaliação do fluxo de calor complementaria significativamente a informação geofísica da área para colmatar a lacuna de informação insuficiente sobre a temperatura da crosta.

A avaliação das variações da isotérmica de Curie de uma área pode fornecer informações valiosas sobre a distribuição regional da temperatura em profundidade e a concentração da energia geotérmica subsuperficial (Tselentis, 1991). Um dos parâmetros importantes que determinam a profundidade relativa da isotérmica de Curie em relação ao nível do mar é o gradiente térmico local, *ou seja*, o fluxo de calor (Hisarli, 1996). As medições mostraram que uma região com energia geotérmica significativa é caracterizada por um gradiente de temperatura e um fluxo de calor anómalos (Tselentis 1991). Espera-se, portanto, que as áreas geotermicamente activas estejam associadas a uma profundidade do ponto Curie pouco profunda (Nuri *et al.*, 2005). É também um facto conhecido que a temperatura no interior da Terra controla diretamente a maioria dos processos geodinâmicos visíveis à superfície (Okubo *et al.*,1985)

O modelo matemático em que se baseia a maior parte da análise é uma coleção de dados de uma distribuição uniforme de dados em grelha, cada um com uma magnetização constante. O modelo, que foi introduzido por Spector e Grant (1970), provou ser muito bem sucedido na estimativa de profundidades médias para os topos de corpos magnetizados. Um dos principais resultados da sua análise é que o valor esperado do espetro para o modelo é o mesmo que o de um único corpo com os parâmetros médios para a coleção.

A ideia de usar dados aeromagnéticos para estimar a profundidade do ponto Curie não é nova e tem sido aplicada em várias partes do mundo, seja analisando anomalias magnéticas isoladas devido a fontes discretas ou empregando a abordagem do domínio da frequência. Esta investigação utiliza a análise espetral para estimar a profundidade da isoterma de Curie e o fluxo de calor para determinar a história geotérmica da área de estudo. A profundidade do ponto de Curie é conhecida como a profundidade a que o mineral magnético dominante na crosta passa de um estado ferromagnético para um estado paramagnético sob o efeito do aumento da temperatura (Nagata, 1961).

O ponto de mudança magnética ou temperatura de Curie é uma propriedade intrínseca das rochas, que depende da composição química e da estrutura da crosta. A ordenação magnética de longo alcance abaixo desta temperatura é conseguida através do mecanismo de interacções de troca entre os domínios magnéticos individuais que causam o alinhamento do seu núcleo. Acima da temperatura (ou ponto) de Curie, ocorre a condição de desmagnetização, correspondendo a uma distribuição aleatória dos vectores que representam a magnetização do domínio. Assim, tanto as magnetizações induzidas como as remanescentes desaparecem. Os efeitos paramagnéticos e diamagnéticos contribuem de forma insignificante para o campo geomagnético. A maioria dos minerais que ocorrem naturalmente são paramagnéticos ou diamagnéticos e, por isso, têm susceptibilidades extremamente baixas.

O magnetismo das rochas resulta em grande parte da presença de minerais ferromagnéticos. A série de soluções sólidas de titanomagnetite é o portador da magnetização. Outros minerais, como a hematite, a pirrotite e as ligas de ferro e níquel, são importantes apenas em determinadas situações geológicas específicas. A série titanomagnetite consiste numa proporção variável de dois membros finais, magnetite e ulvospinel, e as suas propriedades físicas intrínsecas variam com o teor de titânio (o ponto de Curie diminui com o aumento do teor de titânio). A percentagem volumétrica, o tamanho, a forma e a história dos grãos de magnetite são de grande importância na maioria dos estudos magnéticos.

A suscetibilidade das rochas comuns é aproximadamente próxima do seu teor de magnetite e tende a diminuir quando o tamanho do grão diminui. A magnetite é um material ferromagnético com uma temperatura de Curie de 580° C (Hunt *et al.*, 1995). Se a magnetite for a principal fonte magnética, o seu ponto de Curie é a temperatura no fundo da camada magnética exterior da Terra. Isto só é verdade se a temperatura na base da crosta estiver acima da temperatura de Curie. Se estiver abaixo, a profundidade da camada magnética é o Moho, uma vez que o manto é geralmente considerado não magnético (Wasilewski *et al.* 1979), mesmo que as rochas no manto superior em alguns ambientes geológicos, especialmente em regiões oceânicas, contribuam para a geomagnética.

O ponto de Curie da magnetite aumenta com a pressão, mas a variação é bastante pequena (Domzalski, 1958). Na fronteira entre a crosta e o manto, não seria mais do que alguns graus dos valores experimentais à pressão normal.

1.2 Medição do campo magnético

Os geocientistas medem a intensidade do campo magnético da Terra com uma precisão de 0,1 nT utilizando magnetómetros. Um levantamento aeromagnético é efectuado com uma aeronave (avião ou helicóptero) à qual está acoplado um magnetómetro. Os magnetómetros de avião mais comuns medem a intensidade total do campo magnético, mas não a sua direção, ao longo de linhas de voo contínuas que se encontram a uma distância fixa. A aeronave pode ser pilotada a uma elevação barométrica constante (como 9.000 pés acima do nível do mar) ou a uma distância constante acima do solo (como 500 pés acima do terreno, também chamado de levantamento "drapeado"). Também podem ser efectuados levantamentos no solo, sendo especialmente úteis para localizar objetos metálicos enterrados, como barris de lixo Os magnetómetros medem todos os efeitos do campo magnético da Terra. Dado que o campo se altera lentamente ao longo do tempo, os modelos deste campo, designados por Campo Geomagnético Internacional de Referência (IGRF), são actualizados de 5 em 5 anos. O IGRF para o momento e o local de um levantamento magnético é calculado e removido. O campo magnético também está sujeito a variações complexas de curto prazo, como as tempestades magnéticas. Para efeitos de correção dos dados do levantamento aeromagnético, um magnetómetro de base regista o nível magnético num local fixo dentro da área de estudo, e estas variações são removidas dos dados magnéticos aerotransportados. O que resta é o campo magnético amplamente associado aos minerais magnéticos nas rochas da crosta.

1.3 Anomalias magnéticas

A anomalia magnética é o campo resultante obtido quando os efeitos do campo principal e as variações diurnas são subtraídos do campo total observado. O campo de anomalia magnética aqui é composto pelo campo crustal mais o campo remanente. A anomalia magnética é geralmente representada em mapas ou perfis sobre as regiões de interesse.

Os mapas magnéticos totais fornecem uma visão das estruturas subsuperficiais, da composição da crosta terrestre e da distribuição de minerais magnéticos - principalmente magnetite na crosta. A aplicação mais universal dos dados magnéticos tem sido a deteção de intrusões ígneas e a determinação da profundidade até ao topo das fontes magnéticas.

O traçado de tendências de anomalias magnéticas preservadas pela crosta oceânica nas décadas de 1950 e 1960 foi outra indicação para a teoria proposta de reversões geomagnéticas (Telford *et al.*, 1990). Um mapeamento mais detalhado das anomalias magnéticas simétricas sobre as cristas oceânicas revelou a evolução temporal da crosta oceânica. Na exploração mineral, as estimativas de profundidade são normalmente utilizadas para determinar a profundidade dos corpos de minério que contêm minerais magnéticos. Em busca de diamantes, são efectuados levantamentos aeromagnéticos para procurar tubos kimberlíticos, que são intrusões ígneas portadoras de diamantes.

O ganho de informação através da aplicação do método magnético depende do contraste das propriedades magnéticas dos tipos de rocha na área de estudo. Os minerais mais comuns que formam as rochas exibem apenas propriedades magnéticas limitadas. A resposta magnética das rochas é devida à presença de minerais magnéticos como a magnetite, a pirrotite, a ilmenite, a franklinite e a hematite. As propriedades magnéticas das rochas resultam quase exclusivamente do mineral magnetite, amplamente distribuído. O parâmetro fundamental das rochas na prospeção magnética é a suscetibilidade. A facilidade com que um corpo pode ser magnetizado é determinada pela sua suscetibilidade magnética k. A suscetibilidade magnética k é o fator de proporcionalidade, pelo qual a intensidade da magnetização induzida depende da força magnetizante H do campo indutor (geomagnético). Esta proporcionalidade entre a magnetização M e o campo magnetizante H é expressa por: $M = kH$.

No sistema SI, a magnetização M e o campo magnetizante H são ambos medidos em [A/m]. A suscetibilidade k não tem dimensão, mas difere no sistema c.g.s. do sistema SI pelo fator 4n, de modo que $k_{SI} = 4\pi k_{cgs}$

A suscetibilidade magnética pode variar até quatro a seis ordens de grandeza. Esta variação de suscetibilidade não existe apenas entre diferentes tipos de rochas, mas também ocorrem grandes variações dentro de um mesmo tipo de rocha. As rochas do subsolo têm geralmente susceptibilidades elevadas devido ao seu elevado teor de magnetite (ferro), enquanto as rochas sedimentares têm susceptibilidades muito mais baixas. As suas propriedades magnéticas são determinadas pelo seu teor de ferro, embora o teor de ferro não seja uma medida direta do teor de magnetite. As rochas metamórficas têm um carácter magnético variável e as rochas ígneas básicas têm geralmente um teor de magnetite mais elevado do que as rochas ígneas ácidas. Em geral, a suscetibilidade magnética das rochas é muito variável e depende extremamente da litologia. Algumas rochas e as suas susceptibilidades magnéticas são apresentadas na Tabela 1.

O parâmetro medido dos levantamentos magnéticos é o campo magnético total, que é a indução magnética B (medida em nT), incluindo o efeito da magnetização M. A matéria magnetizada pode ser considerada como um conjunto de dipolos magnéticos microscópicos que resultam dos momentos magnéticos de átomos e dipolos individuais. A magnetização M é definida como a densidade de volume dos momentos de dipolo magnético por unidade de volume (Telford *et al.*, 1990). Para a interpretação das anomalias magnéticas, existem dois tipos principais de magnetização, como já foi referido. A magnetização induzida, M_{ind}, é a resposta magnética produzida pela indução do campo externo aplicado. A magnetização induzida depende da suscetibilidade e da força do campo aplicado (geomagnético) e desaparece quando o campo externo é desligado. O magnetismo residual chamado remanência ou magnetização remanente, *Mrem*, é a magnetização permanente herdada de uma rocha, que permanece mesmo quando o campo externo é removido (Kearey *et al.*, 2002).

Quando a rocha se forma a alta temperatura, os seus componentes magnéticos alinham-se com o campo externo aplicado e mantêm esta orientação magnética mesmo que a rocha arrefeça abaixo da temperatura de Curie. Este é o principal tipo de magnetização remanescente, que também explica o alinhamento magnético isocrónico da crosta oceânica. Esta magnetização termo-remanente é o principal mecanismo de magnetização residual das rochas ígneas.

A magnetização total é a soma da magnetização induzida e da magnetização remanescente. Nas rochas sedimentares, o efeito da magnetização induzida é geralmente muito mais pronunciado do que o efeito da magnetização remanescente detrítica (DRM) ou da magnetização remanescente química (CRM).

Tabela 1. Susceptibilidades medidas de materiais rochosos (Kearey *et al.*, 2002).

Materiais	$k \times 10^{-6}$, unidades cgs	Em H, Oe
Magnetite	300, 000-800,000	0.6
Pirrotite	125,000	0.5
Ilmenite	135,000	1
Franklinite	36,000	0.5
Dolomite	14	1
Arenito	16.8	30.5
Serpentina	14,000	1
Granito	28-2700	1

Diorite	46.8	1
Basalto	680	1
Peridotite	12,50	0.5-1.0

1.4 Mapa magnético derivado

Um mapa magnético contém informações sobre as alterações de magnetização das rochas numa área e a profundidade da fonte da anomalia. Os mapas podem ser derivados da grelha original de anomalias magnéticas, utilizando ferramentas para melhorar partes do campo magnético. Em geral, quanto mais profunda for a fonte magnética, mais amplos e suaves serão os gradientes da anomalia resultante. Por outro lado, quanto mais raso for o objeto magnético, mais nítida e estreita será a anomalia resultante. Portanto, os mapas derivativos podem mostrar anomalias que foram filtradas por tamanho e forma para enfatizar fontes rasas ou profundas. Outro tipo de mapa derivado, chamado "reduzido ao pólo", pode corrigir as anomalias para diferenças de inclinação e declinação causadas pela localização e produzir o campo magnético dos corpos como se a área fosse movida para o Pólo Norte. Isto simplifica formas complexas de anomalias causadas por efeitos de dipolo do campo magnético da Terra e centra a anomalia sobre a sua fonte. Outro método derivado pode ampliar os gradientes magnéticos em locais onde o campo magnético muda de alto para baixo. Estes locais marcam frequentemente bordos de unidades rochosas ou falhas. Todos estes mapas podem ser utilizados em conjunto para fazer uma interpretação geológica.

1.5 Justificação

A área de estudo faz parte do complexo basal do Nordeste da Nigéria. A partir da literatura existente sobre o trabalho geofísico realizado no complexo basal do Nordeste, é evidente que existem algumas questões geofísicas fundamentais que ainda não foram adequadamente abordadas, tais como o fluxo de calor, a temperatura geotérmica e a espessura da crosta, apesar de o estudo geofísico na área não ser muito grande, não há registos da temperatura da crosta, da profundidade da fonte magnética e das estruturas geológicas que podem acolher a mineralização secundária. A área de estudo, Jalingo e arredores, é uma parte significativa do complexo de subsolo pré-cambriano do Nordeste e, portanto, os estudos magnéticos forneceriam mais informações geofísicas que ajudariam a esclarecer a história desta área.

1.6 Localização

A área de estudo situa-se entre a latitude 7° 00' e 9° 00' N e a longitude 10° 00' e 12° 00' E (Figura 1). Abrange uma área aproximada de 48.400 km^2 e engloba várias terras agrícolas, povoações, reservas de caça, reservas naturais, explorações agrícolas privadas e cidades. O padrão de drenagem na zona é dominado pelo rio Benue, que corre para oeste para se juntar ao rio

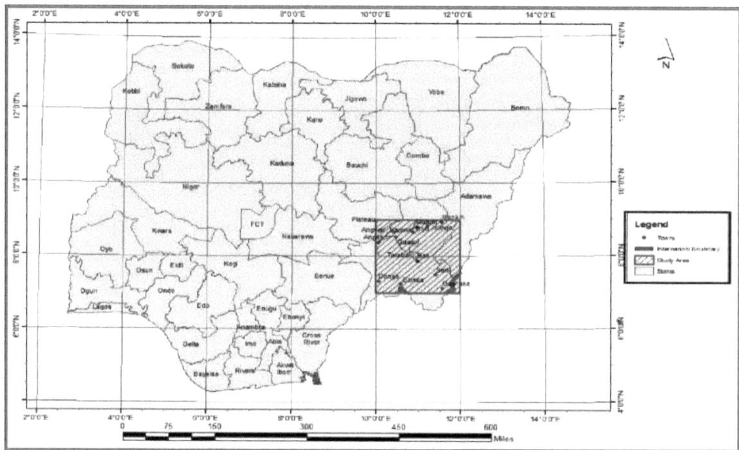

Figura 1. O mapa da Nigéria que mostra a área de estudo (segundo o United State Geological Survey 2012)

rio Níger. O principal afluente do rio Benue na região é o rio Taraba, com alguns meandros em direção a oeste, que se junta ao rio Benue perto de Kurmi Sauri e Angas, com muitos canais fluviais menores e riachos que desaguam no rio Benue.

A área é dotada de uma série de colinas, as mais proeminentes das quais se encontram na parte leste e sul da área de estudo. As colinas são sustentadas por rochas pré-cambrianas do complexo basal. A área é caracterizada por um terreno acidentado, a leste e a sudeste, com terras baixas da fenda de Benue a oeste. A parte acidentada faz parte dos blocos cristalinos do embasamento pré-cambriano na Nigéria.

A estrada principal encontrada nesta área dá acesso de Jalingo à parte sul da Nigéria, bem como a outras comunidades locais na área de estudo, tais como Mutum Biyu, Bali, Gashaka, Gassol, Marafa, Tutare e Bantaji, para mencionar algumas. Existem outras estradas secundárias, que dão acesso a povoações mais pequenas, quintas, rios e ribeiros. O mapa topográfico (Figura 2) da área de estudo foi produzido a partir do modelo digital de elevação obtido da base de dados do sistema de informação geográfica do United State's Geological survey, a partir do qual também foi produzido o modelo digital do terreno.

1.7 Finalidade e objectivos

O objetivo deste trabalho é realizar uma interpretação dos dados aeromagnéticos sobre Jalingo e arredores. As análises permitirão atingir os seguintes objectivos

a. Determinar os padrões estruturais na área de estudo
b. Determinar os potenciais de mineralização secundária;
c. Para determinar a profundidade das fontes magnéticas;
d. Determinar o potencial de água subterrânea no contexto dos dados magnéticos;
e. Para determinar a isotérmica de profundidade do ponto de Curie;
f. Para determinar o fluxo de calor e
g. Determinar o gradiente geotérmico na área de estudo.

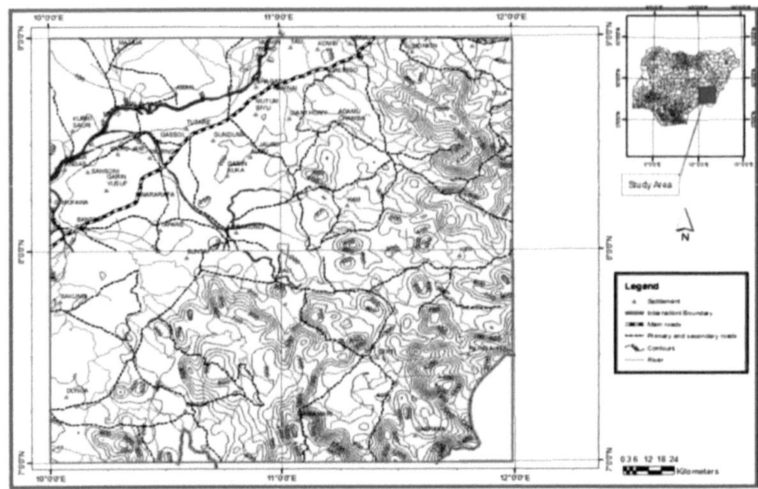

Figura 2. Mapa topográfico da zona de estudo (segundo o United State Geological Survey, 2012)

CAPÍTULO 2
REVISÃO DA LITERATURA
2.1 Revisão dos trabalhos geofísicos dentro e em redor da área de estudo

Na área de estudo, não foram realizados muitos trabalhos geocientíficos, mas Ofoegbu (1984) efectuou a interpretação de dados aeromagnéticos da parte inferior e média da calha do Benue. Ofoegbu, (1985) também interpretou dados magnéticos em Mutum Biyu devido a um corpo semelhante a um dique e observou uma anomalia magnética elevada com uma largura média de 0,7 km.

As primeiras investigações geofísicas no canal de Benue centraram-se principalmente na medição e no estudo qualitativo do seu campo gravitacional. Mas com a ocorrência de mineralização de chumbo-zinco, depósitos de sal e as brilhantes perspectivas de encontrar depósitos de petróleo e urânio na Calha do Benue transformaram a área numa das mais importantes do ponto de vista económico. Por conseguinte, tem havido uma atividade geológica extensiva e intensiva na calha, com tentativas renovadas de estudos geofísicos mais detalhados nos últimos anos. Isto conduziu não só a uma melhor compreensão da estrutura do Benue, mas também à sua origem e evolução.

Um levantamento aeromagnético de grande parte da Nigéria foi efectuado pelo Serviço Geológico da Nigéria. As anomalias magnéticas foram interpretadas em termos do efeito combinado de subsolo de topografia variável e carácter magnético e corpos intrusivos muito profundamente enterrados com composição básica a intermédia (Ofoegbu 1988). Com base no resultado, estima-se que a espessura das rochas sedimentares que preenchem o rift de Yola varia entre 500 m e 4600 m e que os intrusivos modelados estão a profundidades de 5-10 km e têm magnetizações que variam entre 0,7 A/m e 3,2 A/m (Ofoegbu 1988). Por conseguinte, de acordo com Ofoegbu (1988), a análise de dados magnéticos no braço de Yola da calha de Benue confirmou a existência de uma crosta fina por baixo da fenda. Pensa-se também que intrusões básicas a intermédias ocorrem a grandes profundidades (5-10 km) por baixo da área. A inversão de anomalias de comprimento de onda longo sugere a existência de variações de composição laterais e verticais da crosta na mesma área, com variações de temperatura a ocorrerem na crosta inferior por baixo da fenda.

De acordo com Ofoegbu e Onuoha (1991), o campo gravitacional sobre a Calha do Benue é caracterizado por uma anomalia positiva axial proeminente de 200-400 g.u que continua ao longo de todo o comprimento da calha, mas com uma ligeira deslocação para leste sobre a Calha do Benue inferior. Esta zona axial de anomalias positivas é flanqueada em ambos os lados por anomalias negativas alongadas de valores na gama de -200 g.u. a -500 g.u.

A catalogação computorizada dos dados de gravidade disponíveis sobre grande parte da Calha do Benue e regiões adjacentes nos Camarões foi efectuada por Okereke e Fairhead (1984). De acordo com eles, o campo gravitacional sobre o braço de Yola da Calha do Alto Benue e o subsolo adjacente foi separado em componentes regionais e locais e foi efectuada uma investigação qualitativa sobre anomalias locais e regionais. O campo regional é dominado por um amplo negativo centrado nos Camarões. Associada ao braço de Yola da calha superior de Benue, existe uma anomalia Bouguer positiva que reflecte o relevo topográfico da área. Sobrepostas à ampla anomalia positiva estão anomalias negativas de alto gradiente que reflectem a existência de rochas sedimentares de baixa densidade na estrutura rifteada (Okereke e Fairhead 1984)

Osazuwa, *et al.,* (1981) interpretou os perfis de anomalias gravitacionais regionais em termos de uma subida da interface manto-crosta. O seu modelo fornece a espessura da crosta no Alto Benue entre 25 e 28 km. Também estimou a espessura dos sedimentos, que varia entre 900 m e 2200 m a partir da interpretação dos dados de gravidade, e entre 900 m e 4900 m a partir dos dados magnéticos. De acordo com Nur (2000), as profundidades do subsolo para o braço de Yola da Calha do Alto Benue, a partir da análise espetral de dados aeromagnéticos, variam em toda a área, com a cobertura de sedimentos mais espessa encontrada em torno da área de Namtari Manga, onde o subsolo está situado abaixo de 2,2 km. O resultado indica uma natureza irregular do pavimento do braço de Yola da Calha do Alto Benue. Nur, et al (1999) estimou a espessura do sedimento, como variando entre 1500 m a 2219 m para a fonte mais profunda, e 330 m a 414 m para a fonte superficial e apresentou dados geofísicos em termos de anomalias magnéticas de comprimento de onda longo.

2.2 Revisão dos trabalhos geológicos
2.2.1 Enquadramento geológico da Nigéria
A área de estudo insere-se no complexo basal nigeriano e situa-se parcialmente em torno da formação sedimentar do canal médio de Benue. Cerca de metade da Nigéria está coberta por rochas cristalinas. As rochas estão expostas em três grandes áreas, nomeadamente, as partes norte, oeste e leste, e consistem em séries de granitos, gnaisses, migmatitos e cinturas estreitas de xistos de baixo grau, quartzitos e anfibolitos (Figura 3). Coletivamente, as rochas são conhecidas como o complexo basal e têm uma idade pré-cambriana. As rochas foram formadas como resultado de metamorfose e actividades ígneas a uma escala regional. As rochas do complexo basal subdividem-se em complexos migmatite-gneisse; os metassedimentos mais antigos; as rochas mais jovens

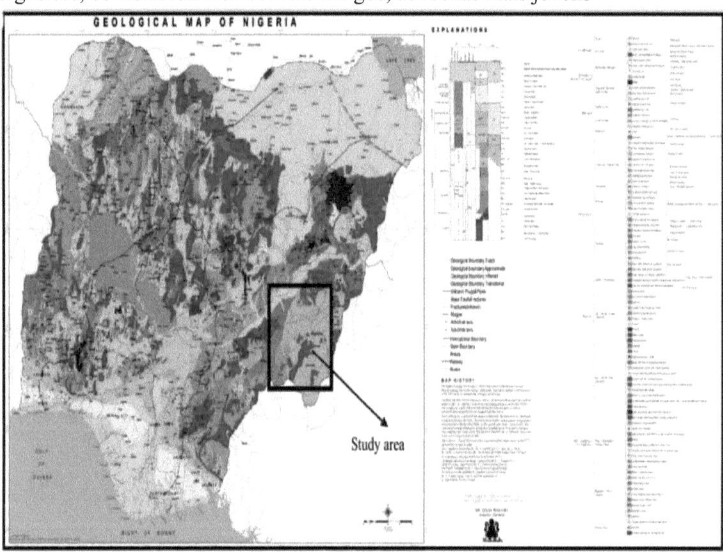

Figura 3. Mapa geológico da Nigéria que mostra a área de estudo (Após o Serviço Geológico da Nigéria, 2006)

metassedimentos; os granitos mais antigos; e os complexos de anéis alcalinos de granito mais jovens e rochas vulcânicas. O complexo de migmatite gnaisse é o tipo de rocha mais comum no complexo da Cave da Nigéria. Compreende dois tipos principais de gnaisses: o gnaisse biotita e o gnaisse bandado. Muito difundidos, os gnaisses biotíticos são normalmente de grão fino com forte foliação causada pela disposição paralela de minerais escuros e claros alternados. O complexo basal está subjacente a 50% da superfície da Nigéria. Está subjacente a rochas basais pré-cambrianas, remobilizadas pelo episódio de deformação pan-africano (600-500 Ma) e elevadas relativamente à área circundante (Grant 1978, Nnange *et al.*, 2001).

As litologias das rochas do complexo basáltico da Nigéria têm sido discutidas de forma variada por muitos autores. Nos primeiros estudos, Oyewoye (1970) agrupou as rochas do complexo do subsolo em quatro unidades. (i) Granito mais antigo (ii) complexo de migmatite (iii) série metassedimentar e (iv) rochas diversas. Anteriormente, ele propôs sedimentos Meta mais antigos para o complexo migmatítico e metassedimentos mais jovens para a série metassedimentar. McCury (1976) agrupou as rochas no noroeste da Nigéria em (i) Metassedimentos mais antigos (i) Metassedimentos mais recentes (ii) Granitos mais antigos e (iv) Vulcânicas do Paleozoico inferior.

Rahaman (1976), numa análise do complexo basal do sudoeste da Nigéria, reconheceu cinco unidades principais que incluem (i) complexo de gnaisses migmatitos (ii) paraquistos e rochas meta ígneas ligeiramente migmatizados a não migmatizados, (iii) rochas chanockíticas (iv) granitos mais antigos e (v) diques de dolerite não metamorfoseados. Mais tarde, Rahaman (1988) acrescentou um grupo de rochas vulcânicas calcárias-alcalinas metamorfoseadas a não metamorfoseadas e rochas hipabissais que precedem o grupo (v) acima. Woakes (1987) unificou as rochas em três grandes unidades, nomeadamente;

(i)   Complexo polimetamórfico migmatito-quartzito

(ii)   Xistos e xistos de baixa qualidade dominados por sedimentos

(iii)   Rochas pan-africanas pré-sinásticas e pós-tectónicas.

Dada (1999), no entanto, agrupou as rochas em quatro unidades que são mais bem reconhecidas atualmente como (i)   O   complexo   polimetamórfico de migmatitos-gneis

(ii)   Rochas metassedimentares e metavulcânicas

(iii)   Granitóides Pan-Africanos e

(iv)   Diques ácidos e básicos não deformados.

Odeyemi, (1982) agrupou as rochas em três componentes principais

(i) Unidade de migmatitos - consiste em grande parte de paragneiss bandado paleossomático e quartzito ferruginoso que foram misturados com granitos feldspáticos de quartzo e aplitos.

(ii) A unidade de gnaisse é constituída pelo granito hornblende e pelo gnaisse augene.

(iii) A unidade máfica compreende xistos calcários e biotite-plagioclase.

   Os granitos mais antigos são os mais disseminados na área de estudo. Representam 70-80% dos afloramentos do subsolo. Formam um vasto espetro de rochas que variam em composição desde o tonalito, passando pelo granodiorito, até ao granito e ao sienito, ocorrendo mesmo como plutões (Rahaman 1988). Os granitos mais antigos variam em textura, desde variedades gnáissicas fortemente foliadas a tipos não deformados. (Ekweme 1994), relatou que apenas se sabe um pouco sobre as rochas basais na metade oriental da Nigéria (maciço de Adamawa), que se estendem até à República dos Camarões.

   A nível regional, a Calha de Benue faz parte de um complexo de riftes do Cretáceo Inferior conhecido como Sistema de Rift da África Ocidental e Central. Trata-se de um sistema de fendas linear cujo desenvolvimento esteve intimamente associado à separação de África da América do Sul e à abertura do Oceano Atlântico Sul. Estudos geológicos mostraram que o canal foi sujeito a vários ciclos de deposição que resultaram na deposição de rochas sedimentares de composições e idades variadas (Offodile, 1976). Três destes ciclos de deposição foram mais pronunciados do que os restantes.

   O primeiro grande ciclo sedimentar durou do Albiano Médio ao Albiano Tardio e marcou o início da sedimentação na calha. Este ciclo iniciou-se com a transgressão do Albiano Médio que foi marcada pela deposição dos xistos predominantemente negros do Grupo do Rio Asu. A regressão que marcou o fim deste ciclo durou desde o final do Albiano até cerca do final do Cenomaniano e esteve associada à deposição dos arenitos Keana e Bima. O segundo ciclo sedimentar iniciou-se com uma transgressão no final do Cenomaniano e terminou com uma regressão no Turaniano Inferior. Associado às fases transgressiva e regressiva deste ciclo, registou-se a deposição dos xistos de Ezeaku e dos arenitos deltaicos de Makurdi, respetivamente. O terceiro grande ciclo sedimentar na Calha do Benue ocorreu entre o Turaniano Superior e o Santoniano Inferior e acredita-se que a maioria dos depósitos associados a este ciclo foram erodidos em resultado de uma atividade tectónica do Cretácico Superior, enquanto a sua fase regressiva foi acompanhada por atividade vulcânica na Calha do Benue Superior (Nwachukwu, 1985)

2.2.2 Geologia estrutural da Nigéria

   De um modo geral, o complexo basal nigeriano tem sido sujeito a várias gerações de dobras, falhas, cisalhamento, fracturas, etc. Oluyide (1988) identificou quatro tendências estruturais no complexo basal nigeriano, sendo as estruturas planares N-S as mais proeminentes. Outras são as tendências NE-SW, NW-SE, e E-W. Ele relatou ainda que, as fracturas E-W são difíceis de localizar no campo devido ao facto de serem recozidas por preenchimentos minerais e/ou rodadas para norte ou sul da sua direção original e presume-se que sejam as mais antigas.

   Oluyide (1988) relatou novamente que as fracturas N-S dominantes são as mais facilmente identificadas no campo e parecem ter controlado os principais fluxos N-S, especialmente o Niger inferior, e esta influência é rastreável até ao norte de Tuarag na República do Níger. Estas fracturas são também marcadas por cisalhamento e bracciação.

Ene e Mbonu, (1988) também reconheceram quatro tendências estruturais e atribuíram-lhes diferentes idades: E-W (Pré-paleozoico), N-S (Pré-câmbrico médio - Paleozoico), NE - SW (Mesozoico) e NW - SE (Santoniano - recente).

No Sudeste da Nigéria, Ekwueme (2003) relatou algumas estruturas lineares e planares no complexo do subsolo. A tendência dominante das estruturas lineares é N-S e NE-SW, embora as tendências NW-SE e E-W também tenham sido reconhecidas na área. Também a tendência estrutural planar dominante (foliação) dentro dos gnaisses no sudeste da Nigéria é N-S, NE-SW com pequenas tendências E-W e NW-SE.

No entanto, também é óbvio que os granitóides pan-africanos e corpos relacionados foram alinhados paralelamente aos conjuntos de falhas transcorrentes NE- SW, NW- SE, NNE-SSW e NNW- SSE. Além da maioria dos vulcões do Cretáceo e recentes da Nigéria, a Linha Vulcânica dos Camarões está alinhada na mesma direção que a Calha do Benue. No sudeste da Nigéria, algumas destas falhas estão associadas à colocação de dolerite e, nesses casos, é possível que a falha possa ter sido iniciada pelo efeito de compressão do magma basáltico intrusivo. Também ocorrem slickenside e mylonite nas paredes das superfícies das falhas bem cortadas. As falhas associadas à injeção de dolerite são provavelmente mais jovens do que as associadas aos lados escorregadios e ao milonito, tendo em conta o facto de a colocação de dolerite ser considerada como a fase terminal da orogenia pan-africana na Nigéria (Ekwueme, 2003). Por conseguinte, no centro-norte da Nigéria, a tendência estrutural dominante à escala regional é a das falhas de cisalhamento NE-SW, embora também sejam comuns tendências locais NW-SE e que os granitóides pan-africanos são geralmente caracterizados por estruturas de tendência NNE-SSW.

Além disso, Bassey (2006 a) efectuou uma síntese tectónica de dados estruturais da área de Uba no Hawal Basement, no nordeste da Nigéria, revelando que se trata de um terreno de rochas metamórficas, intrudido por granito pan-africano maciço e deformado, alinhado a N300° E, com direcções de deformação principais NW-SE e NE-SW, juntamente com direcções de paleostress no N-S e E-W, com baixo ângulo de mergulho. Bassey (2006 b) também interpretou uma anomalia magnética linear sobre Chibok, no nordeste da Nigéria, em termos de tectónica e mostrou que a área de Chibok é um terreno granítico deformado por cisalhamento, falhas e junção de rochas nas direcções de cisalhamento NW-SE, NE-SW e N-S. No entanto, Bassey (2007 a), ao estudar o fenomenal incidente de perda de massa registado na zona de Song, no Estado de Adamawa, em maio de 2003, identificou que as rochas nessa zona estão altamente fracturadas devido ao tectonismo. As tendências tectónicas são NE-SW, NW-SE, N-S e E-W. Estas produziram falhas, zonas de cisalhamento, juntas e dobras. Finalmente, Bassey (2007 b), na sua investigação geológica de campo da área de Michika do subsolo de Hawal, revela que é também um terreno de rochas metamórficas (gnaisse) extensivamente intrudidas por granitos pan-africanos deformados. As principais características de deformação nesta área são falhas, zonas de cisalhamento e juntas, enquanto as principais direcções de deformação são NW-SE e N-S, e estas controlam a maior parte dos canais de fluxo na área. Iliya e Bassey (1993) também efectuaram um estudo magnético da área de Obudu e Oban, a partir do qual foram identificados lineamentos ao longo de NE- SW, NW-SE, com alguns E-W e N-S. Edet *et al.*, (1994) aplicaram um estudo de deteção remota à exploração de águas subterrâneas no subsolo do sudeste e relataram que a maioria das áreas de sobrecarga espessa e alta intensidade de fracturas são locais potenciais para a exploração de águas subterrâneas

Juntando tudo o que foi dito acima, é razoável deduzir que existem três tendências estruturais principais no complexo basal nigeriano; N-S, NE-SW e NW-SE com tendências menores NNE-SSW e NNW-SSE. A tendência E-W geralmente parece não apenas subordinada e, portanto, difícil de identificar, mas muito provavelmente a mais antiga. As outras tendências são também de idades diferentes, tal como observado por Ene e Mbanu (1988) e Ekwueme (2003).

No entanto, foram efectuados alguns trabalhos de qualidade e relacionados com a estrutura; Odeyemi (1982) relatou os lineamentos no complexo do subsolo nigeriano com tendências NE-SW, NW-SE, com alguns E-W e N-S . Ene e Mbonu (1988) também identificaram alguns

lineamentos no subsolo nigeriano semelhantes ao que foi observado por Odeyemi (1982). McCurry (1976) e Chukwu-Ike (1978) identificaram lineamentos na metade ocidental do subsolo nigeriano com tendências
NW-SE, NWN-SES com alguns NE-SW, E-W e N-S. Bassey (1988) interpretou dados aeromagnéticos sobre Obudu e arredores, prestando especial atenção às orientações dos lineamentos, que têm tendências NE-SW, NW-SE, NNE-SSW NNW-SSE com tendências menores nas direcções E-W e N-S. Kasidi (2007) também identificou alguns lineamentos no maciço de Hawal e Adamawa, estes lineamentos têm tendências principais de NE-SW, NW-SE, com tendências menores de ENE-WSW, NNW-SSE, N-S e E-W

2.2.3 Enquadramento geológico da zona de estudo

A geologia da área de estudo é composta por rochas do complexo basal pré-cambriano, que são consideradas como basal indiferenciado, principalmente o complexo gnaisse-migmatites, restos de sedimentos Meta, granito mais antigo, rocha sedimentar cretácea e rochas vulcânicas terciárias a recentes (Figura 4). Os gnaisses migmatitos são rochas que apresentam grande variação na percentagem de componentes minerais claros e escuros. Estes resultam do protólito do qual derivaram e das condições de pressão e temperatura em que se formaram. Os gnaisses são materiais metamórficos de composição félsica e máfica que apresentam uma cor alternada de bandas claras e escuras que produzem uma estrutura denominada foliação gnáissica. São de granulação média a grossa. No que respeita à geoquímica já estabelecida, a maioria dos gnaisses são de origem meta-sedimentar, como demonstrado pelos seus constituintes minerais de silicato de alumínio, ioderite e granada. Existem componentes quartzo-feldspáticos que, aquando da deformação, foram descritos como gnaisses Augen devido à sua estrutura em forma de olho.

Os granitos mais antigos da Nigéria têm uma composição química calcária-alcalina. Trata-se também de rochas graníticas que foram intruduzidas no complexo basal. As análises mostraram que os granitos mais antigos são muscovite, granito, aplite de granito biotite, diorito de quartzo, *etc.* *Apresentam um* alinhamento fraco dos minerais platy constituintes que, por vezes, resultam na sua foliação fraca. O granito mais antigo é visto em muitos locais da área estudada. Estas rochas afloram em Jalingo, Kam, Bakundi, Sarti, Baissa, Bali, Tissa, Monkin e Tola.

As rochas sedimentares do Cretáceo, que incluem rochas da formação de arenito Dukul, Yolde e Bima na parte noroeste em torno de Gidan Shanu, Amar, Bangule, Gassol e Bantaji, só para mencionar algumas áreas. Carter *et al.*, (1963), descreve o canal de Benue em pormenor e sugere que os sedimentos do Cretácico pertencem ao arenito Bima sedimentar mais antigo, cujos leitos inferiores são mais feldspáticos do que os leitos superiores.

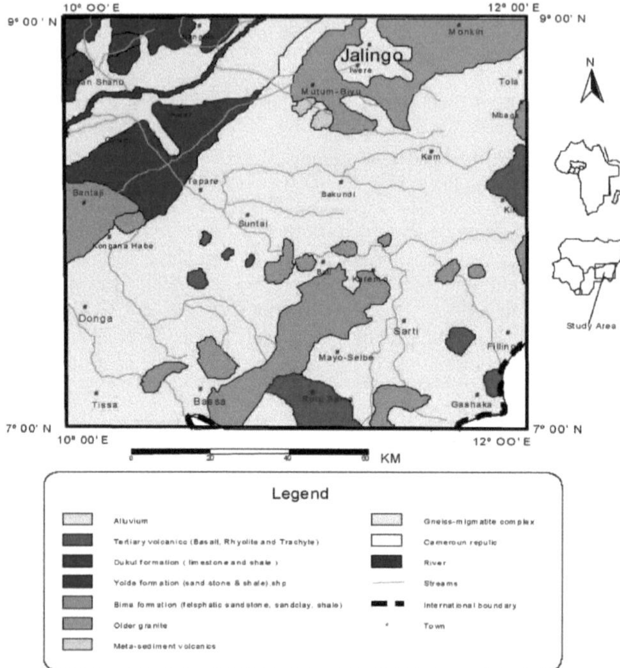

Figura 4. Mapa geológico da área de estudo (Modificado de Geological map of Nigeria, 2006)

A idade da formação varia entre o Albiano Superior e o Turoniano. As rochas vulcânicas do Terciário-Recente, que consistem em basaltos, traquitos e riolitos da Linha Vulcânica dos Camarões, afloram em Kiri, Ruru Sama e Fillinga.

O Arenito de Bima, que se sobrepõe inconformavelmente ao complexo basal na parte Noroeste, na base da sucessão sedimentar, foi derivado de rochas graníticas (Offodile, 1977). Esta formação foi depositada em condições continentais (fluvial, deltaica, lacustre) e é constituída por arenitos de grão grosso a médio, intercalados com argilas carbonosas, xistos e lamas. O arenito Bima foi dividido por Carter *et al.,* (1963) em Bima Inferior, Médio e Superior.

O Bima Médio é relatado como sendo xistoso na maior parte das partes com algumas intercalações de calcário e foi assumido como tendo sido depositado sob uma condição anóxica mais aquosa. Os leitos inferiores da formação são invariavelmente feldspáticos. De acordo com Braide (1992), a Formação de Bima no Braço de Yola, forma uma sequência de coarsening upward (fining upward). A sequência ascendente de engrossamento é mais comum nos conglomerados na margem da bacia e varia em espessura entre 20-30 m. A sequência ascendente de engrossamento e a sequência ascendente de afinamento são interpretadas como um sistema de leque aluvial que reflecte o leque - lobe, causado por movimentos verticais do fundo da bacia, enquanto a sequência ascendente de afinamento é pensada para ser devida ao deslocamento auto-cíclico.

O Arenito de Bima compreende apenas sedimentos clásticos depositados em condições não marinhas e, de acordo com Ofoegbu (1988), a espessura do arenito de Bima varia entre cerca de 0,5 km e 4,6 km. De acordo com Braide (1992), os arenitos de Bima foram novamente divididos em três membros. Bima 1, Bima 2, e Bima 3, mas o membro Bima 1 só aflora no núcleo do Anticlíneo

Lamurde a Sul do in-lier de Kaltungo. De acordo com Offodile (1977), no entanto, a espessura varia de 100-3000 m com o seu desenvolvimento máximo no Anticlíneo Lamurde, onde a espessura excede 3000 m. O membro Bima 1 é constituído por cerca de 400m de arenito e rochas argilosas. O Bima 2 é constituído por 800 m de arenitos grosseiros intercalados com argilas e xistos, enquanto o Bima 3, que se encontra no topo, tem uma espessura de cerca de 1700 m e é constituído essencialmente por arenitos grosseiros.

A Formação de Yolde é uma sequência variável de arenitos e xistos calcários, que marca a transição da sedimentação continental para a marinha. A base da Formação é definida pelo primeiro aparecimento de xisto marinho e, no topo, o desaparecimento do arenito e o início da deposição de xisto calcário. Este tipo de secção ocorre no anticlinal de Dadiya e está exposto na ribeira de Yolde, onde foram expostos depósitos sedimentares com 166 m de espessura (Nur *et al.,* 1999). A Formação Yolde está presente na área de estudo, na parte noroeste da área de estudo, e constitui a fácies de transição entre a sedimentação continental e marinha.

Formação Dukul; é a série de calcário - xisto reconhecida por Falconer (1911) como em Kogbe. A localidade-tipo situa-se em Dukul, onde se encontram leitos de xistos intercalados com calcário fino e com uma espessura total de até 100 m. Isto marca o início da transgressão marinha superficial generalizada que cobriu a maior parte da área nordeste na época turaniana e coincide com a parte inferior da Formação Pindiga na área de Gombe.

As rochas vulcânicas do Terciário Recente na área de estudo consistem em basaltos, traquito, riolito e basaltos mais recentes do braço oriental da linha vulcânica dos Camarões. Grant *et al.,* (1972) discutiram os eventos de vulcanismo no Vale de Benue e o subsolo de Adamawa, que foi comparado com o da linha vulcânica dos Camarões. Nesta área, as rochas vulcânicas são predominantemente basaltos.

Estratigraficamente, as rochas do complexo basal são as mais antigas e o depósito de aluviões do Quaternário é o mais jovem, formado principalmente a partir das rochas desgastadas que dominam a parte noroeste da área de estudo. O aluvião na área de estudo é depositado na margem do Vale do Benue na parte noroeste.

2.3 Revisão da estrutura térmica da Terra e da profundidade do ponto de Curie

A estrutura térmica da crosta envolvendo estimativas de isotermas de profundidade de Curie foi publicada para vários contextos tectónicos (por exemplo, Vacquier e Affleck,1941; Bhattacharyya e Leu, 1975; Byerly e Stolt, 1977; Shuey *et al*, 1977; Blakely e Hassan zadeh, 1981; Connard *et al.,* 1983; Okubo *et al.*, 1985, 1989; Blakely, 1988; Okubo e Matsunaga, 1994; Hisarli, 1996; Banerjee *et al.*, 1998; Tanaka *et al.*, 1999; Badalyan, 2000; Dolmaz *et al.*, 2005, Nwankwo, 2011).

Estudos da Profundidade do Ponto de Curie (CPD) em algumas outras partes do mundo, especialmente na zona de convergência África-Eurásia, SW da Turquia, efectuados por (Nuri *et al.,* 2005), estimaram as variações da Profundidade do Ponto de Curie e utilizaram-na para examinar a estrutura térmica da crosta, que é de grande importância. A partir destas estimativas, foram feitas comparações entre o estado térmico da crosta e a atividade sísmica, a fim de fornecer informações sobre os limites espaciais da falha frágil numa região. Isto deve-se ao facto de a estrutura térmica da crosta determinar os modos de deformação, as profundidades das zonas de deformação frágil e dúctil, as variações regionais do fluxo de calor, a sismicidade, os padrões de subsidência/elevação e a maturidade da matéria orgânica nas bacias sedimentares. Com base nas conclusões dos autores acima referidos, a profundidade de Curie mais profunda está associada a um baixo fluxo de calor, enquanto a profundidade de Curie mais superficial está associada a um elevado fluxo de calor e a elevados potenciais geotérmicos.

De acordo com Nwankwo 2011, o fluxo médio de calor na região continental termicamente normal é relatado como sendo superior a 60 mWm^{-2} e valores superiores a cerca de 80-100 mWm^{-2} indicam condições geotérmicas anómalas. Ele estimou as anomalias do fluxo de calor na bacia de Nupe utilizando a análise espetral e mostra que o gradiente geotérmico varia entre 10 e 45 Ckm^{o-1} e o fluxo de calor entre 60-120 mWm^{-2} . Nafiz (2009), na Turquia, estima a profundidade do ponto Curie utilizando dados de anomalias magnéticas, calculando que as profundidades máxima e mínima do ponto Curie nesta área são de 12 km e 24 km. O perfil 2D da profundidade de Curie sob a região da Turquia foi determinado a partir de uma técnica de análise espetral, que mostrou que a superfície do ponto de Curie é ondulada e se aprofunda de 14,8 km no sul para 21,8 km no norte e os valores do fluxo de calor obtidos a partir da profundidade do ponto de Curie e dos valores do gradiente térmico variam de 94,1 mWm^{-2} no sul para 63,8 mWm-2 no norte da Turquia.

Além disso, é também um facto conhecido que a temperatura no interior da terra controla diretamente a maioria dos processos geodinâmicos que são visíveis à superfície (Nwankwo *et al.,* 2011). A este respeito, as medições do fluxo de calor em várias partes do continente africano revelaram que a estrutura mecânica da litosfera africana é variável (Nur *et al.,* 1999). Nur *et al.,* (1999) também efectuaram uma análise dos dados aeromagnéticos sobre a calha superior do Benue utilizando uma modelação bidimensional dos dados contínuos ascendentes, os resultados mostram que o ponto da isoterma de Curie varia entre 23,8 km e 28,7 km. Ofoegbu (1985), efectuou uma análise da componente de comprimento de onda longo do campo magnético sobre o canal do Alto Benue e sugeriu que a isoterma de Curie varia entre 18 e 27 km. Esta variação da isoterma de Curie reflecte variações laterais e verticais na composição da crosta e sugere novamente uma variação significativa da temperatura na área. A estrutura térmica da crosta envolvendo estimativas da profundidade do ponto de Curie foi publicada para vários contextos tectónicos por vários autores, tais como Blakely e Hassan zadeh, (1981); Connard *et al.,* (1983); Okubo, *et al.,* (1985, 1989); Blakely (1988); Okubo e Matsunaga, (1994); Hisarli, (1996); Banerjee, *et al.,* (1998); Tanaka, *et al., (*1999) e Nur *et al.,* (1999).

CAPÍTULO 3
MATERIAIS E MÉTODOS
3.1 Declaração geral:
Em qualquer trabalho de investigação, o material selecionado e os métodos a utilizar são de grande importância. Estes devem ser bem compreendidos e pertinentes, uma vez que afectam diretamente o resultado da investigação.

Este trabalho de investigação foi efectuado em quatro fases principais: Aquisição de dados, processamento de dados, trabalho de campo e interpretação. A interpretação de dados magnéticos inclui elementos de análise qualitativa e quantitativa, que por sua vez seriam orientados por conceitos geológicos. Isto não significa que a interpretação deva ser forçada a um conceito rígido, mas que o resultado final deve ser geologicamente plausível dado o controlo. A interpretação deve contribuir para o quadro geológico global, e a nossa compreensão deve ser modificada e melhorada pelos dados.

Por outro lado, muitas vezes geramos mais questões que podem ser tão úteis como as questões geológicas já respondidas pela nossa interpretação dos dados magnéticos. Os conhecimentos fundamentais dos dados magnéticos e das técnicas de interpretação, tal como aqui descritos, são ferramentas valiosas que os geocientistas podem utilizar para obter informações e melhorar o seu conhecimento geológico de uma área. Tal como acontece com a geologia, muitas vezes as características subtis dos dados e o seu significado são mais importantes.

3.2 Aquisição e tratamento de dados magnéticos
Os dados aeromagnéticos, compreendendo 16 folhas de meio grau (213, 214, 215, 216, 234, 235, 236, 237, 254, 255, 256, 257, 274, 275, 276 e 277), que foram utilizados para este trabalho de investigação, foram obtidos do Serviço Geológico da Nigéria em Kaduna (GSN), como parte dos dados do levantamento geofísico a nível nacional. Trata-se de mapas de contorno da intensidade magnética total à escala de 1: 100.000, em folhas de meio grau, compilados pela Agência de Inspeção Geológica da Nigéria (1975). O levantamento relevante foi efectuado a uma elevação média de voo de 150m acima do terreno, ao longo de uma série de perfis NNW-SSE com um espaçamento de 2 km e um espaçamento nominal de linha de ligação de 20 km.

Dependendo do interesse, as características devem ser distinguidas e separadas de modo a que o efeito devido às anomalias de interesse possa ser claramente identificado para posterior análise quantitativa e qualitativa. Os mapas de contorno aeromagnéticos utilizados para este estudo foram digitalizados manualmente num intervalo igual de 2 km x 2 km nas linhas de grelha N-S e E-W, e depois fundidos digitalmente num só, dando a matriz de dados de (112 x 112).

Para obter a anomalia magnética residual, os efeitos do campo principal e as variações diurnas são subtraídos do campo total observado utilizando a fórmula IGRF de 1975.

3.3 Análise qualitativa
3.3.1 Introdução
A técnica qualitativa é praticada há muitos anos. Trata-se da descrição da anomalia em termos de amplitude, largura e tendência. Este processo é largamente baseado em mapas e domina as fases iniciais de um estudo. O mapa preliminar de elementos estruturais resultante é a pedra angular da interpretação. A interpretação qualitativa envolve o reconhecimento de:
- a natureza de corpos anómalos discretos, incluindo intrusões, falhas e corpos intra-sedimentares lenticulares - frequentemente auxiliados por referência a gráficos de resposta magnética característicos e, eventualmente, pela execução de modelos de teste simples
- Elementos de corte transversal perturbadores, como falhas de deslizamento
- Efeitos da interferência mútua
- Idades relativas das falhas que se intersectam
- Estilos estruturais
- características/eventos tectónicos unificadores que integram características interpretadas aparentemente não relacionadas.

Surpreendentemente, o elemento mais importante nesta fase qualitativa preliminar não é a interpretação dos corpos anómalos em si (que se segue mais tarde), mas sim a rede de descontinuidades, por exemplo, linhas de truncamento e falhas de deslizamento que servem para compartimentar e delimitar anomalias discretas que, à primeira vista, podem parecer um padrão confuso de anomalias não identificáveis. As falhas de deslizamento/zonas de cisalhamento, de pequena e grande escala, são comuns particularmente em situações intra-continentais onde a crosta é antiga, testemunhando inúmeras reactivações de falhas. Elas constituem o principal meio de truncamento das grandes estruturas e de desacoplamento (total ou parcial) das tensões crustais de um bloco crustal para outro.

3.3.2 Transformada de Hilbert

Nur, et al.(1999), aplicaram a transformação bidimensional de Hilbert para calcular as derivadas verticais do campo magnético a partir das derivadas horizontais e vice-versa. Ofoegbu e Mohan (1990), apresentaram uma expressão matemática mais simplificada da transformação de Hilbert 3-D para o campo magnético observado sobre as anomalias. Para este trabalho de investigação, a transformada de Hilbert bidimensional foi efectuada utilizando um programa informático Origin Pro versão 8.5.1. As expressões matemáticas envolvidas são da forma,

$$f' = \tfrac{1}{\pi} \int (f(x'))/(x'-x)dx \qquad (3.1)$$

Aplicando isto às anomalias magnéticas, a transformada de Hilbert das primeiras derivadas verticais e horizontais (Tx (x'), Tz(x)) da anomalia total do campo magnético T(x) é da forma

$$T_z(x') = \tfrac{1}{\pi} \int \qquad T_x(x)/(x - x')dx$$

$$T_x(x') = \tfrac{1}{\pi} \int \qquad T_z(x')/(x - x')dx \qquad (3.2)$$

As derivadas vertical e horizontal são pares de transformadas de Hilbert. A representação analítica é dada como;

$$A(x) = T_x(x) - iT_z(x) \qquad (3.3)$$

O sinal analítico ou a amplitude é expresso como;

$$A'(x) = \left(T_x^2 + T_z^2\right)^{\tfrac{1}{2}} \qquad (3.4)$$

Os dados magnéticos residuais foram utilizados como entrada num programa de transformação de Hilbert 2-D e a amplitude ou sinal analítico obtido é mostrado na (figura 3.2)

3.3.3 Trabalhos de campo

A cartografia geológica de campo é o processo de seleção de uma área de interesse e de identificação de todos os aspectos geológicos dessa área com o objetivo de preparar um relatório geológico detalhado. O relatório mostrará, assim, os vários tipos de rochas da região, as estruturas, as formações geológicas, as manifestações geotérmicas, as relações de idade, a distribuição de depósitos de minérios e fósseis, etc. Todas estas características podem ser sobrepostas a um mapa topográfico ou a um mapa de base. A quantidade de detalhes mostrados num mapa depende em grande parte da escala, e uma escala mais pequena revelará naturalmente detalhes mais finos. Basicamente, a qualidade de um mapa geológico dependerá da exatidão e da precisão do trabalho de campo. Para além disso, a qualidade também depende de
a exaustividade com que certos dados, tanto geológicos como geográficos, são apresentados nos mapas; e o cuidado com que a escala, as cores, as convenções, etc., são escolhidas para obter os melhores resultados.

No entanto, com o desenvolvimento da tecnologia, os mapas geológicos são hoje mais precisos do que nunca, graças à combinação de imagens de satélite exactas, fotografias aéreas, equipamento geológico de alta tecnologia e avanços nos Sistemas de Informação Geográfica (SIG). A interpretação de um mapa geológico depende da formação, do interesse e das técnicas utilizadas. É também fundamental ser capaz de visualizar cenários que possam ter estado envolvidos durante os processos de formação das características apresentadas, uma vez que isto constitui uma base essencial para a análise de mapas geológicos.

O campo geológico começa por registar a natureza da rocha onde esta é visível à superfície (afloramentos rochosos), examinando as suas características como a composição da rocha, a estrutura interna e o conteúdo fóssil, caso exista. Utilizando estes pormenores, as diferenças entre unidades podem ser distinguidas e apresentadas separadamente no mapa. É claro que as rochas não estão sempre expostas à superfície. No entanto, a maior parte da área de estudo está coberta por rochas sedimentares e por subsolo/sobrecarga.

O trabalho de campo preliminar realizado na área de estudo não teve como objetivo produzir um mapa geológico, mas sim relacionar os resultados obtidos a partir do processamento de dados aeromagnéticos. O trabalho de campo revela algumas características e formações geológicas. Estas características incluem: fracturas, mineralização e juntas. As áreas seleccionadas para estes trabalhos de campo são Monkin, Jalingo, Mutum Biyu e Bantaji.

3.3.4 Pseudo-transformação gravitacional

A transformada de pseudo-gravidade é uma das muitas técnicas FFT possíveis que são aplicadas aos dados aeromagnéticos. Ela realça as anomalias associadas às fontes magnéticas profundas em detrimento das fontes magnéticas superficiais dominantes.

A transformação pseudo-gravitacional foi introduzida por Baranov (1957), por este processo um potencial gravitacional foi calculado a partir de uma anomalia magnética. O mapa obtido não representa um verdadeiro mapa de anomalias gravitacionais, mas ajuda a determinar as possíveis fontes comuns das anomalias magnéticas e gravitacionais observadas.

Esta transformação é uma excelente ferramenta de interpretação para a deteção de plutões ígneos magnéticos profundos e pilhas vulcânicas e os dados transformados podem ser modelados utilizando ferramentas convencionais de modelação magnética (Pratt e Shi, 2004). É uma ferramenta adequada para interpretar sistemas de canalização de minerais profundos associados a ocorrências minerais conhecidas e pouco profundas. A transformada de pseudo-gravidade da área de estudo deve ser derivada por uma integração dos dados da grelha de intensidade magnética total utilizando ferramentas FFT convencionais.

O preenchimento da grelha em torno da região coberta pelos dados introduz artefactos de comprimento de onda longo nas grelhas transformadas. Estes artefactos de comprimento de onda longo podem obscurecer os alvos que são objeto de investigação. Uma variedade de procedimentos de separação residual regional é aplicada à grelha transformada para minimizar o impacto dos artefactos de comprimento de onda longo. A transformada de pseudo-gravidade é aplicada à área de estudo para demonstrar a separação clara de fontes profundas que são difíceis de detetar ou compreender no contexto da análise convencional de imagens magnéticas. Os resultados podem ser comparados com outras técnicas de filtragem.

3.4 Análise quantitativa

A colocação de linhas nos mapas durante o processo qualitativo é o início da fase quantitativa. O refinamento destas localizações começa com a determinação de z, *ou seja,* valores de profundidade. Por exemplo, as estimativas de profundidade para os topos de corpos magnéticos anómalos são geradas por uma série de meios, incluindo: métodos de medição de declives, métodos analíticos como Euler e Werner. A modelação gravitacional e magnética (idealmente controlada sismicamente), incluindo abordagens de avanço e inversão, contribui significativamente para a localização em x, y e z. Os resultados exactos de todos estes métodos dependem de um reconhecimento qualitativo sensível dos tipos de corpos (Getch, 2007).

As funções de apoio dos dados do campo potencial A interpretação dos dados magnéticos é teoricamente mais complexa do que a dos dados gravitacionais correspondentes, devido a

• A natureza dipolar do campo magnético, em contraste com o campo gravitacional monopolar mais simples

• A natureza dependente da latitude/longitude da resposta magnética induzida para um determinado corpo devido à variabilidade do campo geomagnético sobre a superfície da Terra.

No entanto, na prática, é frequentemente mais simples do que a gravidade devido ao menor número de fontes contribuintes. Muitas vezes, embora nem sempre, existe apenas uma fonte, o embasamento cristalino magnético. A resposta da gravidade é, pelo contrário, gerada por toda a secção geológica. No caso de corpos intrassedimentares, a natureza dipolar da resposta magnética é particularmente diagnóstica da disposição (por exemplo, mergulho) da fonte. É por esta razão que é importante para o intérprete estar familiarizado com uma vasta gama de respostas magnéticas induzidas produzidas por corpos geológicos simples na inclinação do campo geomagnético para a região.

A procura de consistência mútua das interpretações gravimétricas e magnéticas garante que as ambiguidades na interpretação sejam minimizadas.

A modelação de dados de campo potenciais é um aspeto importante da interpretação e é frequentemente efectuada utilizando uma abordagem "bottom-up / outside-in / magnetic-first". Isto assegura que as fontes magnéticas profundas do subsolo, que têm impacto regional na área de estudo, são compreendidas em primeiro lugar, antes de se concentrar a atenção nos pormenores dentro da área de interesse. O intérprete deve estar sempre ciente da confusão potencial gerada pela impressão sobreposta de respostas de comprimento de onda semelhantes causadas por: (i) características da crosta profunda, (ii) características da crosta lateralmente distal, e, (iii) características da crosta rasa centralmente localizadas. A resolução desta confusão é invariavelmente conseguida através da procura de consistência entre os dados de campo potenciais modelados, aderindo simultaneamente a princípios geológicos sensatos e à experiência. O que se segue expande este processo.

Uma abordagem "primeiro magnética" reconhece que a secção sedimentar possui frequentemente uma suscetibilidade magnética pouco significativa. A maior parte do sinal magnético é gerada ao nível do embasamento cristalino (ígneo ou metamórfico). Isto é útil, porque, ao contrário da gravidade, em que toda a secção contribui para o campo observado, todas as respostas magnéticas, exceto as de comprimento de onda mais curto, podem ser atribuídas ao subsolo subjacente. Se existirem fontes magnéticas intra-sedimentares pouco profundas, estas são normalmente de comprimento de onda curto e suficientemente discretas para serem reconhecidas pelo que são.

A modelação dos dados magnéticos é particularmente importante para estender a interpretação abaixo do nível efetivo de penetração sísmica. Uma vez que os dados magnéticos tenham sido interpretados desta forma, a consistência é então procurada com as características de gravidade de comprimento de onda mais longo. Quaisquer anomalias gravimétricas de comprimento de onda longo remanescentes podem ser mais apropriadamente atribuídas a fontes rasas amplas, em vez de fontes profundas.

3.4.1 Análise espetral de dados aeromagnéticos

(i) Transformação de Fourier

Tornou-se um conceito familiar interpretar os dados aeromagnéticos com uma análise espetral unidimensional ou bidimensional que consiste em várias frequências que caracterizam as anomalias. A relação de amplitude e fase entre estas frequências constitui o que é conhecido como um "espetro de linha complexo". Esta relação tem sido amplamente utilizada por vários autores (Spector e Grant, 1970, ; Hahn *et al.*, 1976; Negi *et al.*, 1983; Ofoegbu e Onuoha, 1991, *Nur et al.*, 1994, 2000, Nur *et al.*, 1999, Kasidi e Nur , 2012a e Kasidi

e Nur, 2013), Nur *et al.*, 2011, interpretaram estatisticamente o mapa magnético de intensidade total sobre Garkida e arredores em termos de estruturas de subsuperfície, utilizando a análise espetral de potência bidimensional. Muito recentemente, Kasidi e Nur (2012a, 2013) utilizaram a análise espetral de uma fórmula matemática simplificada para a interpretação de dados magnéticos sobre Mutum Biyu e arredores, Jalingo e arredores, no nordeste da Nigéria.

Nesta investigação, a técnica da transformada de Fourier foi aplicada aos dados magnéticos residuais. Como os autores mencionaram e salientaram, se um mapa de anomalias magnéticas residuais de dimensões L x L, for digitalizado em intervalos iguais, os valores podem ser expressos em termos de expansão de séries duplas de Fourier.

$$T(x,y) = \sum_{n=0}^{N} \sum_{m=-m}^{M} P_m^n \cos[(2\pi/L)(n_x+m-p)] + Q_m^n \operatorname{Sin}[(2\pi/L)(n_x + m_y] \tag{3.5}$$

Onde L = comprimento do lado do quadrado,

$P_m{}^n$ e $Q_m{}^n$ = amplitudes de Fourier e

N, M = número de pontos de grelha ao longo das direcções X, Y. A soma

$$P_m^n \, \text{Cos} \, [(2\pi/L)(n_x + m_y)] + Q_m^n \, \sin \, [(2\pi/L)(n_x + m_y)] \qquad (3.6)$$

Representa uma única onda parcial com uma direção e um comprimento de onda específicos para os quais

$(P_{m^n})^2 + (Q_{m^n})^2 = (C_{m^n})^2$; C_{m^n} É a amplitude da onda parcial, enquanto a frequência desta onda é dada

$$(3.7)$$

$$f_{nm} = (n^2 + m\,_2)_1\!/^2 \qquad (3.8)$$

Se os logaritmos de um tal espetro de amplitude forem traçados em relação à frequência (escala linear), encontra-se uma série de pontos que podem ser representados por uma ou mais linhas rectas. O segmento de reta na gama de frequências mais elevada é proveniente de fontes pouco profundas e os harmónicos mais baixos são indicativos de fontes provenientes de corpos profundos. Assim, o declive do segmento está relacionado com as profundidades (Spector e Grant 1970)

A transformada de Fourier dos dados magnéticos digitalizados numa grelha quadrada forma uma matriz quadrada que pode ser reduzida a um conjunto de amplitudes médias que dependem apenas da frequência (Hahn *et al.*, 1976). Estas amplitudes médias representam totalmente um espetro a partir do qual as fontes magnéticas podem ser estimadas.

A utilização da transformação discreta de Fourier envolve alguns problemas práticos, como os problemas de aliasing, efeito de truncagem ou fenómeno de Gibb e os problemas associados com as simetrias pares e ímpares das partes real e imaginária da transformação de Fourier (Ofoegbu e Onuoha, 1991).

O efeito de aliasing resulta da ambiguidade na frequência representada pelos dados amostrados. As frequências superiores à frequência de Nyquist, que tendem a personificar as frequências mais baixas, são conhecidas como efeito de aliasing. Para evitar ou reduzir o efeito de aliasing, as frequências superiores à frequência de Nyquist devem ser removidas através da utilização de um filtro de aliasing, que proporciona uma atenuação elevada acima da frequência de Nyquist. O efeito de aliasing também pode ser reduzido através da utilização de pequenos intervalos de amostragem, de modo a que a frequência de Nyquist seja igual ou superior à componente de frequência mais elevada presente na função que está a ser analisada.

Quando uma parte limitada de um mapa de anomalias aeromagnéticas ou de um perfil curto é submetida à análise de Fourier, é difícil reconstruir as arestas vivas da anomalia com um número limitado de frequências, o que produz o chamado fenómeno de Gibb. Este fenómeno de Gibbs ou efeito de truncagem é equivalente à convolução da transformada de Fourier da função com a de uma janela retangular que é uma função cardinal senoidal. Esta convolução introduz ondulações nas extremidades da função, que se manifestam como oscilações espúrias na descontinuidade. O aumento do comprimento da janela faz com que a transformada de Fourier tenda para uma função delta, com a subsequente redução das ondulações nas extremidades. O efeito de truncamento pode, portanto, ser reduzido selecionando uma grande porção da anomalia ou um perfil longo centrado na caraterística de interesse. Uma abordagem alternativa e mais eficaz para reduzir o efeito de truncamento é a aplicação de um cone de cosseno aos dados observados (Ofoegbu e Onuoha 1991).

Nesta análise, alguns problemas práticos, tais como os problemas de aliasing, efeito de truncagem ou fenómeno de Gibb e os problemas associados às simetrias pares e ímpares das partes reais e imaginárias da transformação de Fourier (Ofoegbu e Onuoha, 1991) foram incorporados no programa de computador

(ii) **Acolchoamento e afunilamento**

O preenchimento e o afunilamento são partes essenciais de um processamento bem sucedido da transformada de Fourier. O preenchimento adicionará automaticamente colunas e linhas extra à volta da matriz de dados interpolados, de modo a que as dimensões da grelha (N e M) aumentem para a próxima potência par de dois (Figura 5).

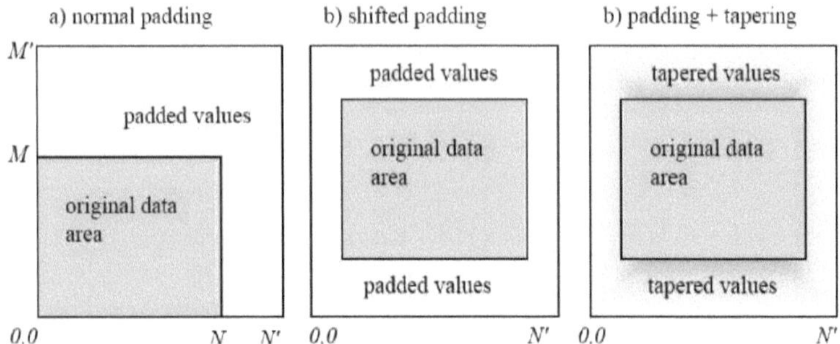

Figura 5. Esquema de a) enchimento sem deslocação, b) enchimento com deslocação e c) enchimento deslocado com afunilamento. As novas dimensões N' e M' são potências de dois (segundo Markku 2009)

O enchimento pode ser efectuado com ou sem afunilamento. O afunilamento significa que os dados preenchidos são tais que o nível e a derivada dos dados são preservados. Por vezes, a dimensão original da grelha pode já estar tão próxima de uma potência de dois que o afunilamento não terá tempo suficiente para suprimir a descontinuidade dos dados. Para aumentar ainda mais a dimensão da grelha de 64 para 128, por exemplo, basta alterar o valor atual da dimensão de X ou Y para um número entre 65 e 128. Este valor será então ajustado para 128 quando for dado o comando de preenchimento. Note-se que a dimensão da grelha pode ser reduzida. Abaixo mostram-se diferentes procedimentos de preenchimento e afunilamento.

O preenchimento e o afunilamento dependem da seleção feita com o modo de preenchimento (Markku 2009). Os modos de preenchimento são:

a) Zeros; que utilizam efetivamente a mediana dos pontos de dados mais afastados em vez de zeros para o preenchimento,

b) Extrapolação linear; estender-se-á até ao ponto de dados mais distante,

c) Baseado no valor médio; utilizará os pontos mais próximos dentro de um raio de pesquisa crescente e

d) Com base no gradiente, que utiliza o valor médio e a derivada do campo para alargar os dados à zona de preenchimento.

Nota: Os melhores resultados do processamento da transformada de Fourier são obtidos utilizando o preenchimento baseado no gradiente com deslocamento. As outras opções de preenchimento são mantidas principalmente para fins didácticos, para que os utilizadores possam ver o efeito e a importância do preenchimento e do afunilamento.

(iii) Profundidade das fontes magnéticas a partir da análise espetral

Foram desenvolvidos e aperfeiçoados vários métodos para estimar automaticamente as profundidades das fontes magnéticas a partir de dados magnéticos em grelha (Blakely e Simpson, 1986; Grauch e Cordell, 1987; Roest *et al.*, 1993; Stefan e Vijay, 1996; Thurston e Smith, 1997; Smith *et al.*, 1998). Este método, tal como a magnitude do gradiente horizontal (HGM), o sinal analítico 3D (AS) ou o gradiente total (TG) e os métodos do número de onda local (LW), têm todos uma abordagem comum para determinar automaticamente a profundidade das fontes magnéticas. Todos os métodos se baseiam na transformação das anomalias do campo potencial em funções espaciais que formam picos de gradiente e cristas sobre as fontes. Estes valores máximos de pico estão localizados diretamente acima da fonte magnética, dependendo de um modelo geométrico assumido. Mais uma vez, o método pode também utilizar a mesma função para localizar os contactos e estimar as profundidades das fontes.

Para efetuar a análise espetral, os dados residuais da área de estudo, tal como referido anteriormente, foram divididos em quarenta e nove (49) blocos, cada um contendo 16 x16 pontos de dados.

A análise foi efectuada utilizando um programa baseado em Fourier, "Four pot", desenvolvido e utilizado por Markku (2009).

As profundidades da fonte magnética reflectem principalmente as propriedades magnéticas das rochas do subsolo. Um dos principais objectivos da nossa análise é, portanto, a determinação da profundidade da fonte magnética sob os sedimentos.

Nesta pesquisa, a área de estudo foi dividida em quarenta e nove blocos, cada um contendo 16 x 16 pontos de dados, a fim de realizar a análise espetral. Para isso, foram consideradas as seguintes sugestões apontadas por Nur (2000).

a) Cada quadrado do mapa digitalizado deve conter mais anomalias do que um par máximo-mínimo ou mais do que um máximo ou mínimo numa zona de latitude geomagnética alta ou baixa,

b) Os lados do quadrado não devem cortar as partes essenciais das anomalias dos corpos individuais.

c) A diferença entre os valores de campo em lados opostos deve ser menor do que a diferença entre máximos e mínimos no interior do quadrado.

Os dados residuais foram lidos no software bloco a bloco, após o que se aplicou a transformada de Fourier, exceto no caso de alguns blocos com dados incompletos, que foram preenchidos e cossenosados antes da transformada de Fourier. A profundidade média das fontes magnéticas de cada um dos quarenta e nove (49) blocos que constituem a área de estudo foi calculada e os resultados são apresentados no capítulo seguinte.

(iv) Modelação 2-D da geologia do subsolo

Isto implica o cálculo de um modelo de terra que melhor se adapte a uma resposta magnética observada. As equações do campo potencial são não lineares, os cálculos utilizam um processo iterativo e os cálculos avançados são aproximados por equações lineares. Uma pequena alteração nas equações lineares é então efectuada no modelo da Terra. As aproximações lineares são recalculadas para o novo modelo e o processo é repetido. Foi utilizado o software WinGLink versão 1.62.08 da Geosystem, que permite a análise de anomalias magnéticas associadas à estrutura do subsolo. Neste trabalho, a resposta magnética observada é o dado residual (mapa). Os perfis do mapa residual foram seleccionados para calcular os modelos de subsuperfície (terra) (Figura 6). Os modelos geológicos representam a subsuperfície em termos da configuração do subsolo definida pela suscetibilidade magnética. Embora os mecanismos pelos quais a magnetização induzida pode surgir sejam bastante

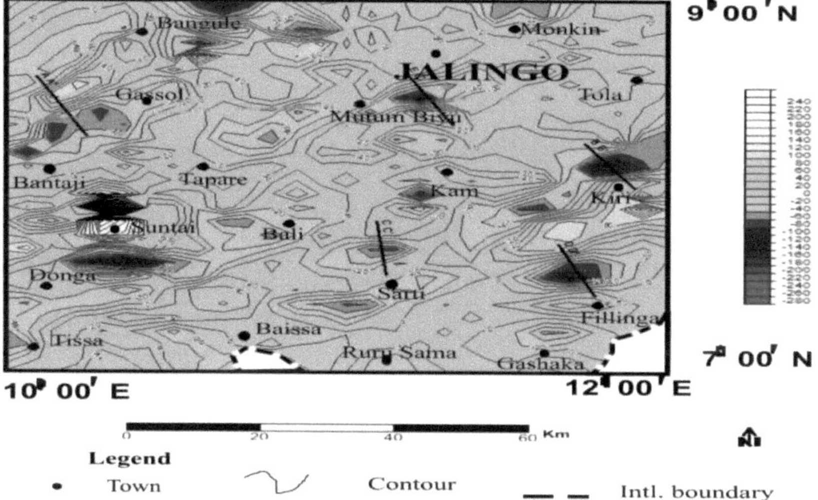

Figura 6. Mapa magnético residual mostrando o perfil utilizado para a modelação 2-D.
complexo, o campo gerado por estes mecanismos pode ser quantificado por um único e simples
parâmetro conhecido como suscetibilidade.

No entanto, a determinação de um tipo de material através do conhecimento da sua
suscetibilidade é uma proposta extremamente difícil, ainda mais do que a determinação de um tipo
de material através do conhecimento da sua densidade. Ao contrário da densidade, nota-se que tendem
a ocorrer grandes intervalos de susceptibilidades entre rochas e minerais diferentes e também dentro
de rochas do mesmo tipo.

Além disso, tal como a densidade, existe uma considerável sobreposição nas susceptibilidades
medidas. Assim, o conhecimento da suscetibilidade por si só não será suficiente para determinar o
tipo de rocha e, alternativamente, o conhecimento do tipo de rocha não é muitas vezes suficiente para
estimar a suscetibilidade esperada. A suscetibilidade magnética depende em grande medida do
conteúdo mineral magnético de uma rocha. As rochas máficas têm geralmente susceptibilidades
magnéticas mais elevadas do que as rochas félsicas, porque as rochas máficas são tipicamente mais
abundantes em minerais fortemente magnéticos, como a magnetite (Carmichael, 1982).

(v) Estimativa da profundidade do ponto de Curie

Os métodos para estimar a profundidade Curie foram descritos por vários autores,
Bhattacharrya e Leu, 1975, Okubo *et al.,* 1985, Onwuemesi, 1997; Tanaka, *et al.,* 1999; Stampolidis,
et al., 2005, Nwanko, *et al.,* 2011 e Kasidi e Nur 2012b e são classificados em duas categorias: os
que examinam a forma de anomalias magnéticas isoladas e os que examinam os padrões das
anomalias (Spector e Grant 1970). No entanto, ambos os métodos fornecem a relação entre o espetro
das anomalias magnéticas e a profundidade de uma fonte magnética, transformando os dados
espaciais no domínio da frequência. Nesta investigação, o método adotado é o último, no qual o limite
superior e o centroide das fontes magnéticas foram calculados a partir do espetro das anomalias
magnéticas e são utilizados para estimar a profundidade basal da fonte magnética.

Para calcular a profundidade até ao ponto Curie, os dados residuais (112 x 112) da área de estudo
foram divididos em dezasseis. Cada bloco cobre uma área quadrada de 64 por 64 km^2 , o que
representa uma grelha quadrada de 32 x 32 pontos de dados, com exceção dos blocos 4, 8, 12, 13, 14,
15, 16, que têm dados incompletos, mas que foram preenchidos e cosseno afilados antes da avaliação
espetral da profundidade de Curie. A dimensão das grelhas quadradas utilizadas baseou-se numa
relação mínima de 12:1 entre o tamanho do bloco e as dimensões do prisma (fontes magnéticas),
como demonstrado por (Tselentis 1991)

Assim, assumindo uma anomalia mínima de aproximadamente 5 km, isto significa um tamanho
mínimo de bloco de cerca de 60 km. A técnica de continuação ascendente foi utilizada para cada
bloco para eliminar a componente de comprimento de onda curto dos dados magnéticos. A análise
foi efectuada utilizando um programa de computador escrito em Matlab.

A relação utilizada é a seguinte: o primeiro passo é estimar a profundidade até ao
centroide (z_0) da fonte magnética a partir do declive da parte do espetro com maior comprimento de
onda,

$$\ln\left[\frac{p(s)^{1/2}}{/s/}\right] = \ln A - 2\pi/s/Z_o \tag{3.9}$$

Onde P(s) é o espetro de potência radialmente médio da anomalia, /s/ é o número de onda, e A é uma
constante.

O segundo passo é a estimativa da profundidade até ao limite superior (z_1) dessa distribuição a partir
do declive do segundo segmento espetral de maior comprimento de onda (Okubo *et al.* 1985)

$$\ln\left[P(s)^{1/2}\right] = \ln B - 2\pi/s/Z_t \tag{3.10}$$

Em que B, é a soma das constantes independentes de /s/.

Em seguida, a profundidade basal (z_b) da fonte magnética foi calculada a partir da equação abaixo,

$$Z_b = 2Z_o - Z_t \tag{3.11}$$

A profundidade basal obtida (Zb) das fontes magnéticas é assumida como sendo a profundidade do ponto Curie (Bhattacharrya e Leu 1975, Okubo *et al.*, 1985). O resultado desta análise é apresentado no capítulo quatro.

(vi) Estimativa do fluxo de calor e do gradiente geotérmico

Na ausência de dados de fluxo de calor na área de estudo, utilizámos uma relação empírica que é um modelo de transporte condutor de calor unidimensional para estimar o fluxo de calor e o gradiente geotérmico. O modelo é baseado na lei de Fourier.

No caso unidimensional sob hipóteses, a direção da variação de temperatura é vertical e o gradiente de temperatura $\frac{dT}{dZ}$ é considerado constante, a lei de Fourier assume então a forma:

$$q = \lambda \frac{dT}{dZ} \qquad (3.12)$$

Onde q é o fluxo de calor e 1 é o coeficiente de condutividade térmica.

De acordo com Tanaka *et al.* (1999), a temperatura de Curie (θ_c) pode então ser definida como

$$\theta = \left[\frac{dT}{dZ} \right] Z_b \qquad (3.13)$$

Além disso, a partir da equação (3.12) e da equação (3.13), foi determinada uma relação entre a profundidade do ponto de Curie (zb) e o fluxo de calor (q), como se segue.

$$q = \lambda \left[\frac{\theta}{Z_b} \right] \qquad (3.14)$$

A partir da equação 3.15, é evidente que a profundidade do ponto de Curie é inversamente proporcional ao fluxo de calor, pelo que conseguimos estimar o fluxo de calor (q) na área de estudo utilizando esta equação. Também calculámos o gradiente térmico a partir da Equação (3.13) utilizando uma temperatura do ponto de Curie de 580 °C e uma condutividade térmica de 2,5 Wm^{-1} °C^{-1} , Nwankwo, *et al.*, (2011) para a Bacia de Nupe.

CAPÍTULO 4
RESULTADOS
4.1 Resultados da interpretação qualitativa
Neste capítulo, os resultados do trabalho de investigação são apresentados em figuras, quadros e placas com uma breve descrição dos resultados, como se segue:

Os dados aeromagnéticos amostrados nos pontos da grelha quadrada foram contornados utilizando software informático (surfer 8.0), o que representa o mapa de intensidade magnética total da área de estudo (Figura 7). No entanto, os valores magnéticos residuais obtidos a partir da separação regional-residual também foram contornados utilizando o surfer 8.0 (Figura 8), o que dá um mapa magnético residual da área de estudo.

A partir dos dados magnéticos residuais, foi efectuada a transformação de Hilbert que produziu o mapa de sinal analítico, foram traçadas linhas paralelas aos alongamentos das anomalias magnéticas. Estas linhas representam lineamentos/fracturas; o comprimento depende da direção e do comprimento das anomalias magnéticas. Os lineamentos traçados a partir do mapa de sinais analíticos têm tendência NE-SW, NNE- SSW, ENE-WSW, NW-SE, NNW-SSE, WNW-ESE, N-S e E-W (Figura 9) e são apresentados em termos de azimute utilizando software de projeção estereográfica (diagrama de Rose Figura 10). Esses lineamentos também se expressam na superfície como rios e canais de córregos como pode ser observado no modelo digital do terreno (Figura 11), quando relacionado com o mapa de sinais analíticos (Figura 9). Assim, o trabalho de campo foi realizado nas áreas de Monkin e Jalingo, o tipo de rocha encontrado em Monkin e Jalingo é predominantemente granito de grão médio com alguma mineralização de veios de quartzo, (Placa I & II) Na área de Jalingo, as juntas e fracturas foram observadas no afloramento de um local de pedreira em granito de grão médio (Placa III). Em Mutum Biyu e Bantaji, foram observadas concreções de ferro em poços emprestados que cobrem o arenito superior de Bima (Placas IV e V). Em Bantaji foi também observado um afloramento em fossa emprestada com uma espessura superior a 30 cm na latitude 8° 07' 33.2 "N e longitude 10° 06' 57" E a uma altitude de 109 m, com uma inclinação de 70° N e um ataque NE-SW (Placa V).

Ao efetuar a transformada de pseudo-gravidade, resultados obtidos através de um programa informático Four pot (Figura 12) com dados aeromagnéticos de intensidade total de menor resolução (Figura 13), é possível obter informação geológica adicional através da análise das correlações. Com base na correlação, verifica-se que a parte SW da área de estudo expõe uma área de elevada intensidade magnética que não é visível no mapa aeromagnético de intensidade total. Isto representa um sinal de uma fonte magnética profunda que se encontra associada a fontes magnéticas superficiais conhecidas

4.2 Resultados da interpretação quantitativa
Na determinação da profundidade das fontes magnéticas, os dados residuais foram lidos no software bloco a bloco, após o que se aplicou a transformada de Fourier, exceto em alguns blocos que tinham dados incompletos, mas foram preenchidos e cossenosados antes da transformada de Fourier. A profundidade média das fontes magnéticas de cada um dos quarenta e nove (49) blocos que constituem a área de estudo foi calculada, e os gráficos dos logaritmos das energias espectrais para vários blocos são apresentados na (Figura 14) no apêndice A, e as profundidades médias calculadas a partir dos blocos estão resumidas na Tabela 2.

A partir da modelação 2-D, foram seleccionados e modelados cinco perfis a partir do mapa magnético residual (Figura 6), que representam anomalias sobre a subsuperfície, são linhas NE-SW. Os perfis modelados, como se mostra na Figura (15-19), apresentam o perfil magnético observado a vermelho e a anomalia calculada a verde, juntamente com a secção geológica do subsolo ou modelo terrestre.

Para calcular a profundidade até ao ponto Curie, os dados residuais (112 x 112) da área de estudo foram divididos em dezasseis. Cada bloco cobre uma área quadrada de 64 por 64 km^2 , que representa uma grelha quadrada de 32 x 32 pontos de dados, com exceção dos blocos 4, 8, 12, 13, 14, 15, 16, que têm dados incompletos, mas que foram preenchidos e cosseno afilados antes da avaliação espetral para a profundidade de Curie. Os gráficos dos logaritmos das energias espectrais para vários blocos são apresentados na Figura 20, apêndice B. E as profundidades do ponto Curie obtidas a partir dos gráficos estão resumidas na Tabela 3. A partir da Tabela 3. O mapa de contorno das isotermas de profundidade de Curie foi traçado juntamente com a projeção isométrica (Figuras 21 e 22), o que mostrou claramente a natureza das profundidades de Curie em subsuperfície na área de estudo. Em vista disso, foram também desenhados quatro perfis na isotérmica de Curie, juntamente com o mapa topográfico (Figura 23), com o objetivo de observar qualquer possível relação entre a profundidade de Curie e a topografia, tal como mostrado nos modelos 2-D (Figuras 24-27).

No entanto, usando uma condutividade térmica média, λ valor de 2.5 Wm^{-1} °C^{-1} , (Nwankwo,*et al.*, 2011, Tanaka *et al.*, 1999), calculamos então o valor do gradiente geotérmico na área de estudo usando a relação empírica entre, profundidade curie, temperatura e gradiente geotérmico (equação 3.13). O resultado global obtido a partir da análise está resumido na Tabela 4. Os dados da Tabela 4 foram utilizados para traçar o fluxo de calor e o gradiente geotérmico.
O mapa de contorno geotérmico é apresentado juntamente com a sua projeção isométrica (Figuras 28, 29, 30 & 31). Estas mostram a natureza direta da distribuição de calor na subsuperfície da área de estudo.

Analisando também qualquer possível relação entre o fluxo de calor e as profundidades Curie obtidas, a partir do resultado obtido na Tabela 4, a profundidade do ponto Curie inferida foi traçada contra o fluxo de calor, o gráfico mostrou que o fluxo de calor na área de estudo diminui com o aumento da profundidade do ponto Curie (Figura 32.) e vice-versa. No entanto, a profundidade do ponto Curie deduzida da análise espetral dos dados aeromagnéticos em conjunto com os valores calculados do fluxo de calor revelou uma relação linear inversa entre o fluxo de calor e as profundidades Curie. Além disso, a relação entre o fluxo de calor e a mineralização cretácica de chumbo-zinco na calha de Benue mostrou que as rochas intrusivas e os veios de chumbo-zinco estão tão intimamente relacionados no espaço e no tempo (Akande *et al.*, 1989), que é necessário mencionar. A mineralização na fenda de Benue coincide com as principais faixas de actividades ígneas sob a fenda (Akande *et al.*, 1989) (Figura 33).

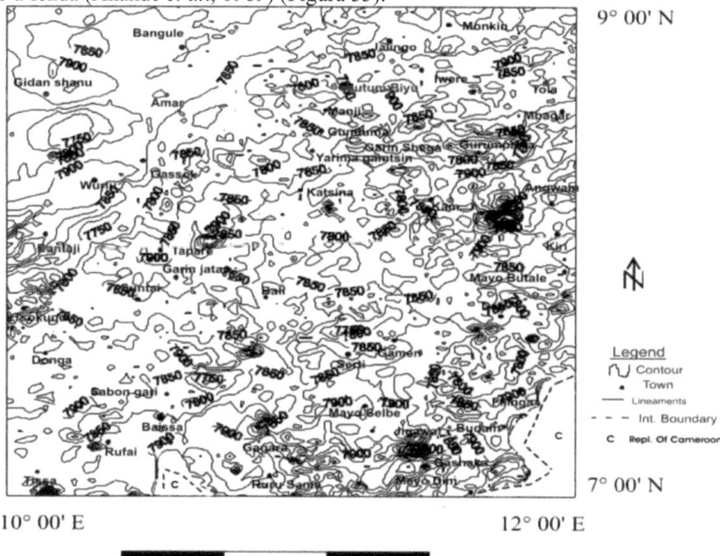

Figura 7. Mapa magnético de intensidade total (intervalo de contorno de 50nT) +25000

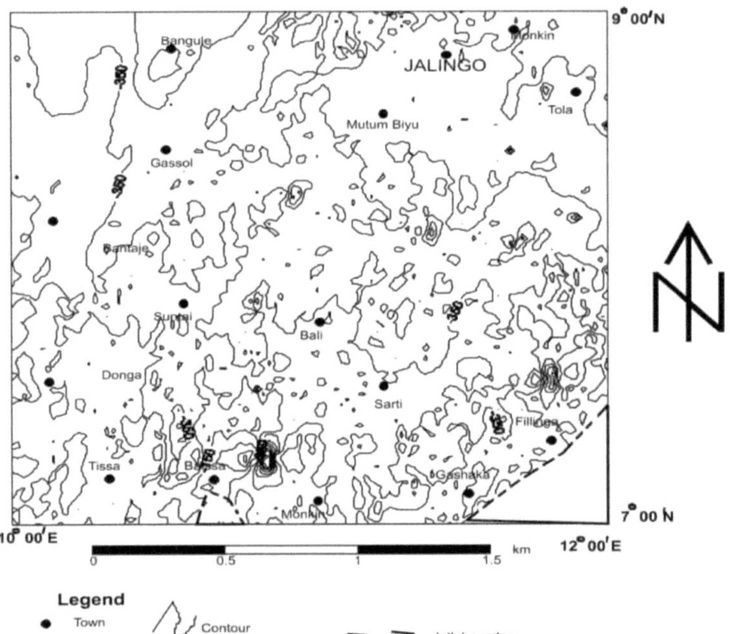

Figura 8. Mapa magnético residual da área de estudo (intervalo de contorno de 50 nT)

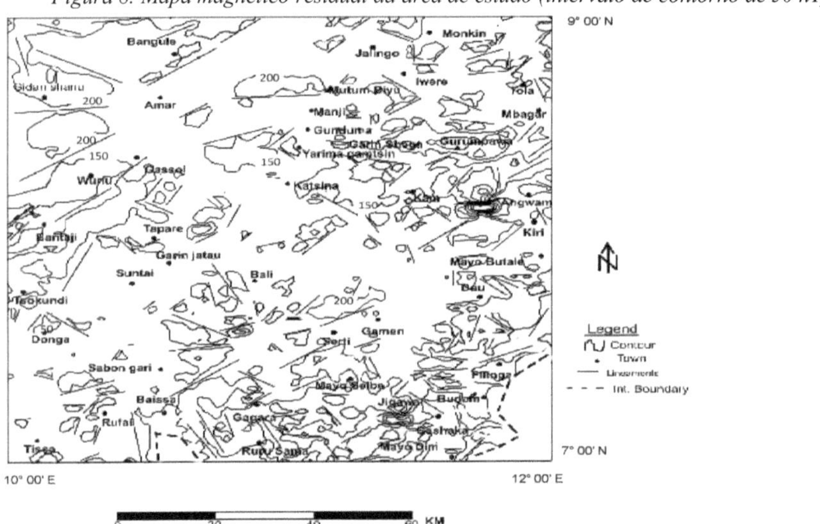

Figura 9. Mapa de Sinais Analíticos sobre a área de estudo. (Intervalo de contorno de 50nT)

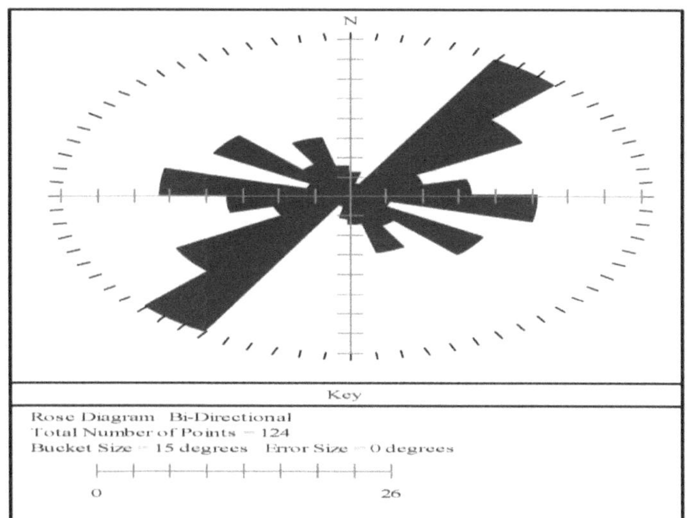

Figura 10. Diagrama de rosa

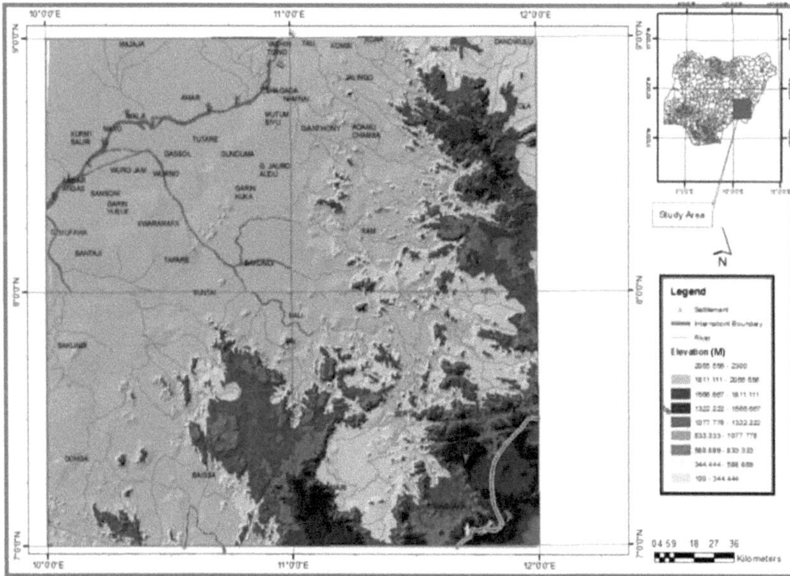

Figura 11. Modelo digital do terreno da área de estudo (DTM) (USGS 2012)

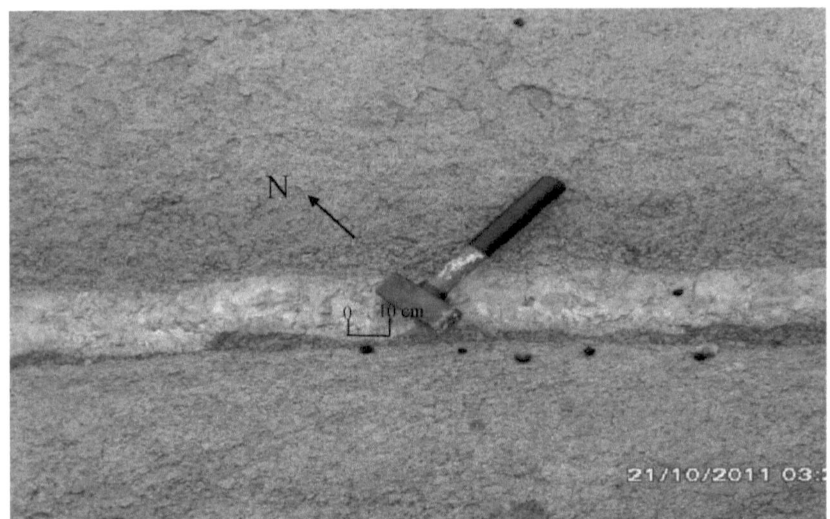

Placa I. Veios de quartzo em granitos de grão médio na zona de Monkin.

Placa II. Fratura em granito de grão médio em Monkin

Placa III. Juntas e Fracturas em Granitos de Grão Médio em Jalingo.

Placa IV. Mineralização de ironstone em Mutum Biyu

Placa. V. Mineralização de Ironstone em Bantaji

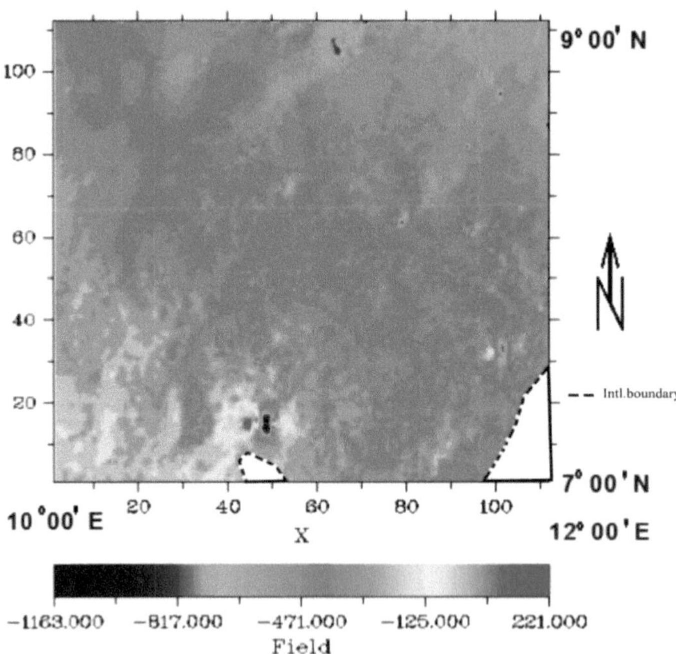

Figura 12. Mapa aeromagnético de intensidade total utilizado para a pseudo-gravidade

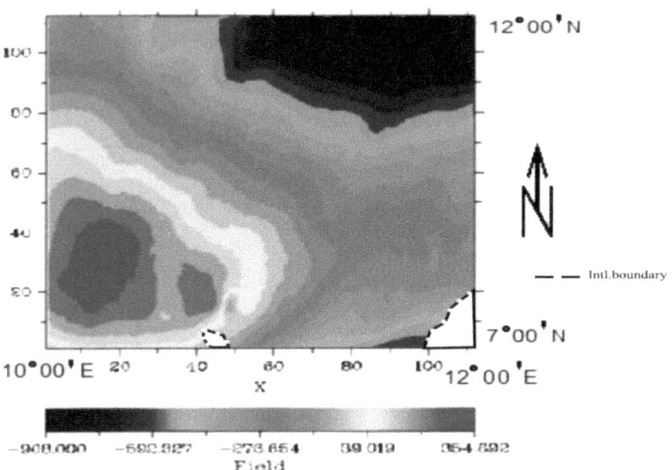

Figura 13. Mapa de pseudo-gravidade da área de estudo

Tabela.2 Profundidade média das fontes magnéticas na área de estudo (km)

Bloco 1	Bloco2	Bloco3	Bloco4	Bloco5	Bloco6	Bloco7 .
DI =0,699	DI = 0,984	Dl= 0,920	Dl= 0,530	Dl=0,631	Dl= 0,627	DI =0,469
D2= 0.187	D2= 0.211	D2= 0.126	D2=0.170			
Bloco8	Bloco9	Bloco 10	Bloco 11	Bloco 12	Bloco 13	Bloco 14
DI = 1,820	Dl = 1,305	DI =0,964	Dl= 0,876	Dl= 0,433	Dl= 0,520	DI =0,499
D2 = 0.256	D2= 0.227	D2 = 0.211				
Bloco 15	Bloco 16	Bloco 17	Bloco 18	Bloco 19	Bloco 20	Bloco21
DI = 1,496	Dl = 1,305	DI =0,961	DI =0,605	Dl= 0,395	Dl= 0,373	DI =0,234
D2 = 0.167	D2= 0.227	D2 = 0.348				
Bloco 22	Bloco 23	Bloco 24	Bloco 25	Bloco 26	Bloco 27	Bloco 28
D2 – 0.382	D2= 0.442	DI –0,501	DI =0,304	Dl= 0,393	Dl= 0,334	DI =0,320

DI = 1,148	Dl = 1,158					
D2 = 0.227	D2= 0.296					
Bloco 29	Bloco 30	Bloco 31	Bloco 32	Bloco 33	Bloco 34	Bloco 35
DI =0,511	DI =0,411	DI =0,499	D = 0.460	Dl= 0,352	DI =0,497	Dl= 0,569
Bloco 36	Bloco 37	Bloco 38	Bloco 39	Bloco 40	Bloco4 1	Bloco 42
DI =0,406	DI =0,337	DI =0,485	Dl= 0,513	Dl= 0,639	DI =0,590	DI =0,732
Bloco 43	Bloco 44	Bock 45	Bloco 46	Bloco 47	Bloco 48	Bloco 49
DI = 1,057	DI =0,373	DI =0,485	Dl=0,418	Dl= 0,611	Dl= 0,551	DI =0,538

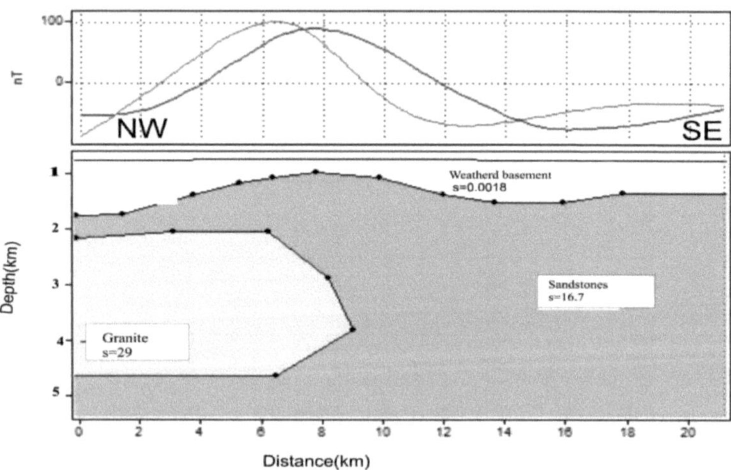

Figura 15. Perfil A-A e modelo geológico de subsuperfície interpretado.

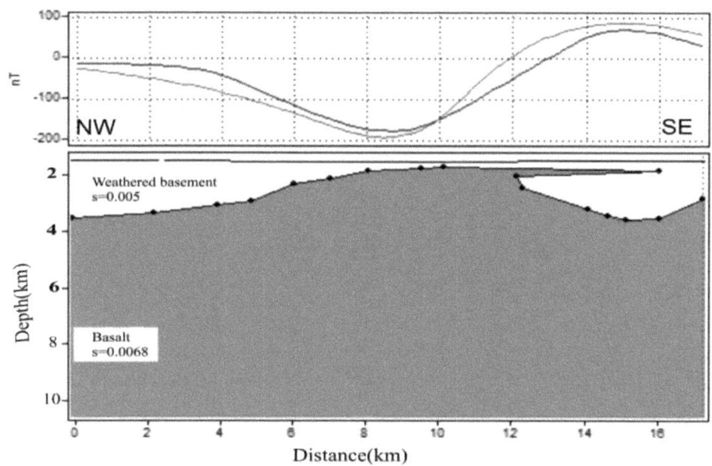

Figura 16. Perfil B-B e modelo geológico de subsuperfície interpretado

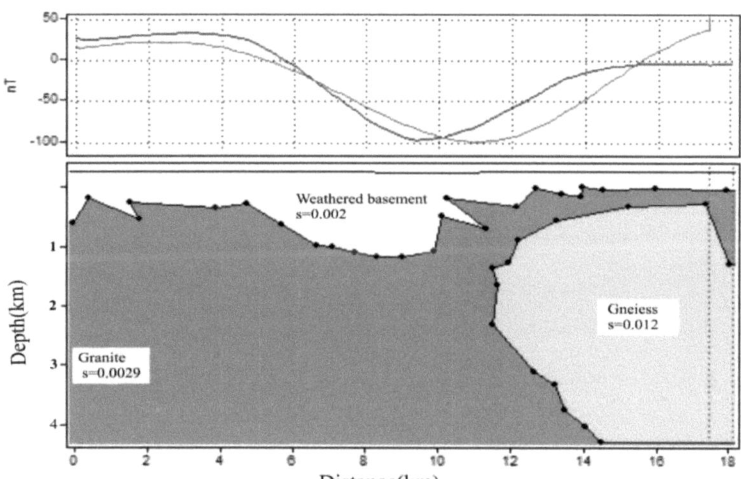

Figura 17 Perfil C-C e modelo geológico de subsuperfície interpretado.

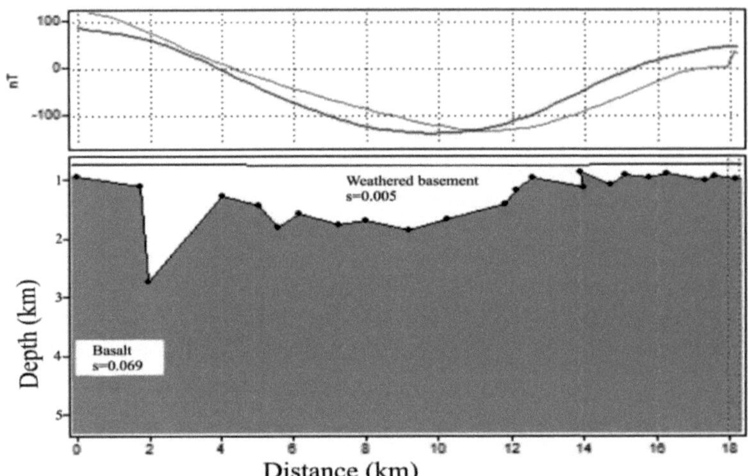

Figura 18. Perfil D-D e modelo geológico de subsuperfície interpretado.

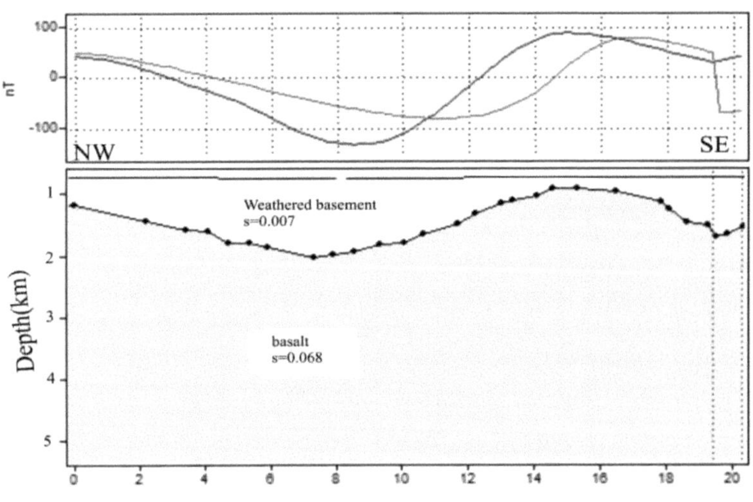

Figura 19. Perfil E-E e modelo geológico de subsuperfície interpretado.

Tabela 3. Profundidade média do ponto Curie calculada a partir dos gráficos dos logaritmos das energias espectrais dos blocos (1-16) (km)

Bloco 1	Bloco 2	Bloco 3	Bloco 4
$ZO = 12{,}630$	$ZO = 13{,}640$	$ZO = 14{,}860$	$ZO = 16{,}190$
$Zt = 1{,}033$	$Zt = 1{,}180$	$Zt = 1{,}850$	$Zt = 4{,}880$
$Zb = 24$	$Zb = 26$	$Zb = 28$	$Zb = 28$
Bloco 5	Bloco 6	Bloco 7	Bloco 8
$ZO = 14{,}220$	$ZO = 14{,}450$	$ZO = 15{,}350$	$ZO = 13{,}920$
$Zt = 3{,}247$	$Zt = 2{,}890$	$Zt = 3{,}250$	$Zt = 1{,}660$
$Zb = 25$	$Zb = 26$	$Zb = 27$	$Zb = 26$
Bloco 9	Bloco 10	Bloco 11	Bloco 12
$ZO = 14{,}530$	$ZO = 15{.}200$	$ZO = 14{,}890$	$ZO = 15{,}989$
$Zt = 2{,}170$	$Zt = 2{,}270$	$Zt = 1{,}550$	$Zt = 3{,}880$
$Zb = 27$	$Zb = 28$	$Zb = 28$	$Zb = 28$
Bloco 13	Bloco 14	Bloco 15	Bloco 16
$ZO = 15{,}158$	$ZO = 15{,}900$	$ZO = 14{,}350$	$ZO = 15{,}230$
$Zt = 3{,}810$	$Zt = 3{,}350$	$Zt = 2{,}170$	$Zt = 3{,}123$
$Zb = 27$	$Zb = 28$	$Zb = 27$	$Zb = 27$

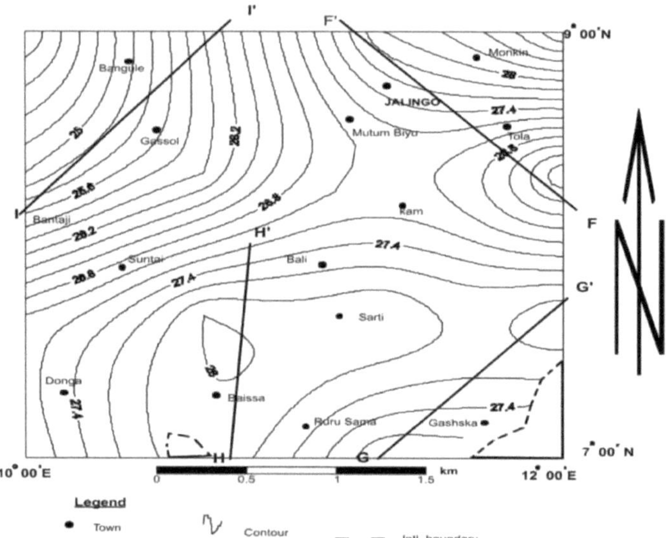

Figura 21. Mapa de isotermas de Curie mostrando os perfis F-F[1] a I-I[1] utilizados para construir a profundidade de Curie 2-D.

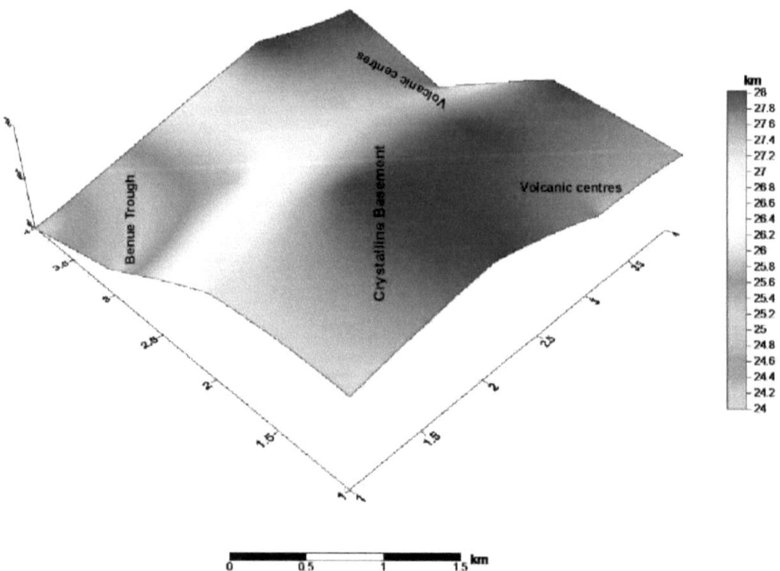

Figura 22. Projeção isométrica da isoterma de profundidade de Curie da área de estudo.

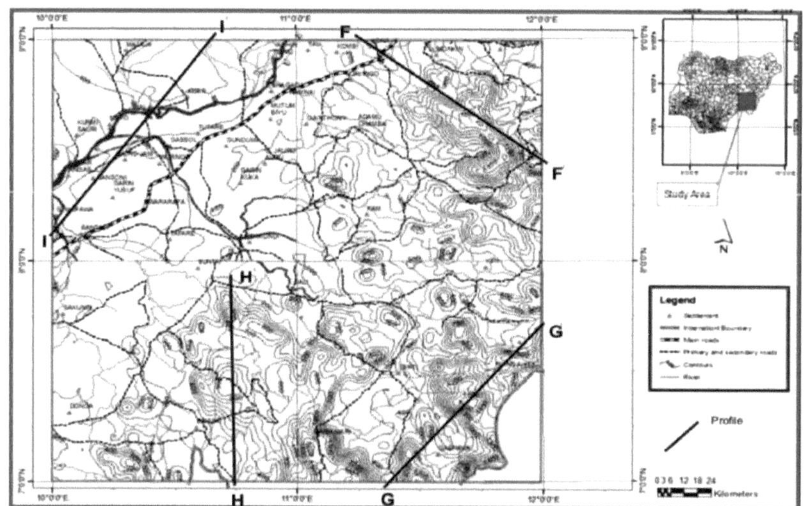

Figura 23. Mapa topográfico da zona de estudo (segundo o United State Geological Survey, 2012)

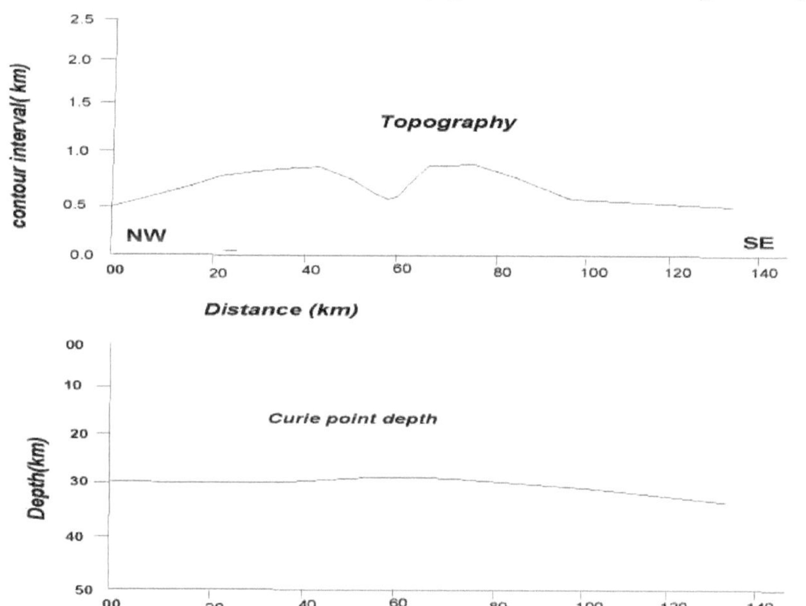

Figura 24. Modelo 2-D da profundidade de Curie do perfil F-F¹

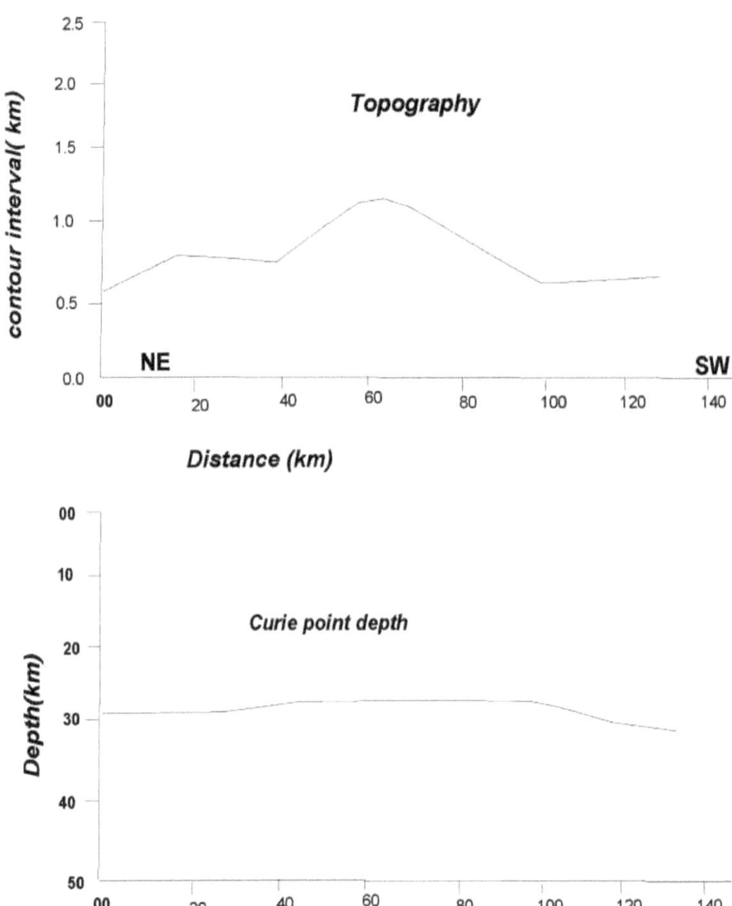

Figura 25. Modelo 2-D da profundidade de Curie do perfil G-G[1]

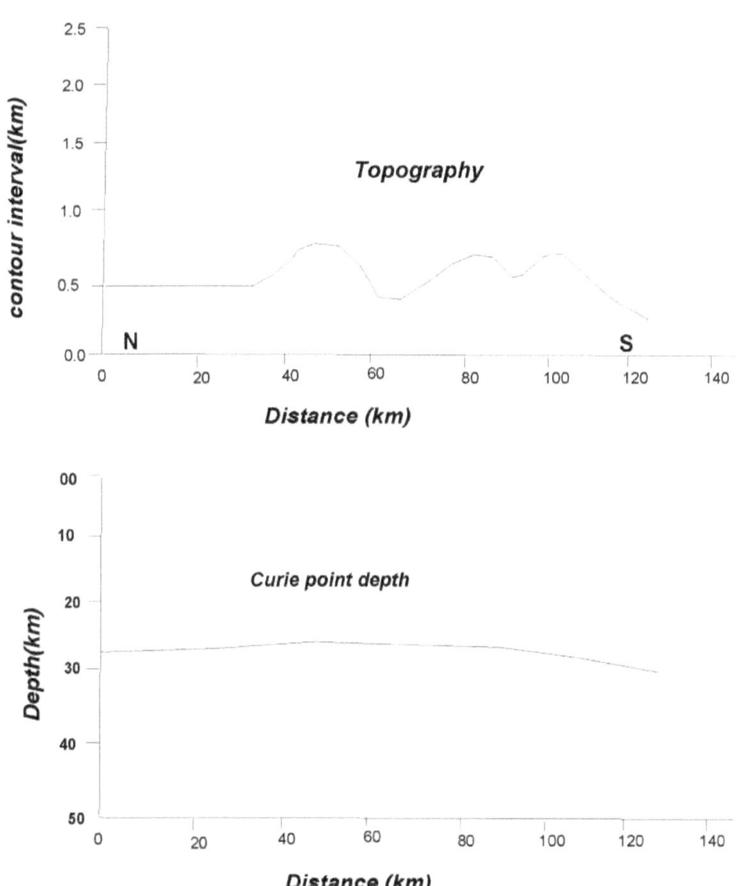

Figura 26. Modelo 2-D da profundidade de Curie do perfil H-H[1]

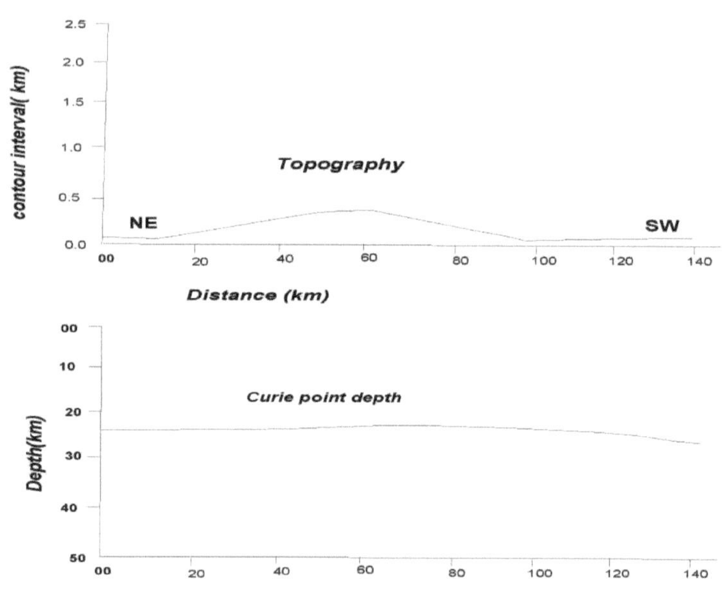

Figura 27. Modelo 2-D da profundidade de Curie do perfil I-I[1]

Tabela 4. Fluxo de Calor Calculado e Gradiente Geotérmico a partir das Profundidades de Curie.

Blocos	z_o(km	z_t(km)	z_b(km)	Geotérmica(Ckm^{o-1})	Fluxo de calor $(mWm)^{-2}$
1	12.630	1.033	24	24	60
2	13.640	1.180	26	22	57
3	14.860	1.850	28	21	52
4	16.190	4.880	28	21	52
5	14.220	3.247	25	23	58
6	14.450	2.890	26	22	57
7	15.350	3.250	27	21.5	54
8	13.920	1.660	26	22	57
9	14.530	2.170	27	21.5	54
10	15.200	2.270	28	21	52
11	14.890	1.550	28	21	52
12	16.989	3.880	28	21	52

13	15.158	3.810	27	21.5	54
14	15.900	3.350	28	21	52
15	14.350	2.170	27	21.5	54
16	15.230	3.123	27	21.5	54

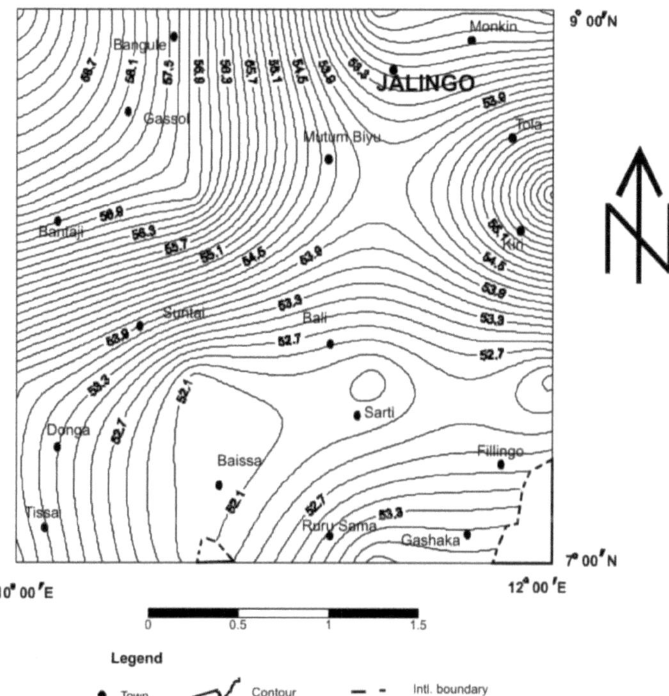

Figura 28. Mapa de contorno de fluxo de calor da área de estudo (intervalo de contorno de 0,2 mWm)⁻¹

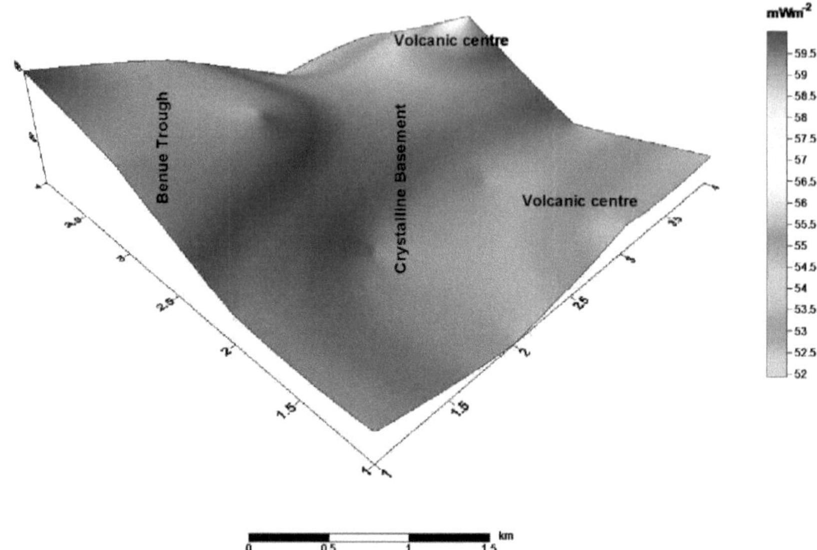

Figura 29. Projeção isométrica do fluxo de calor na área de estudo

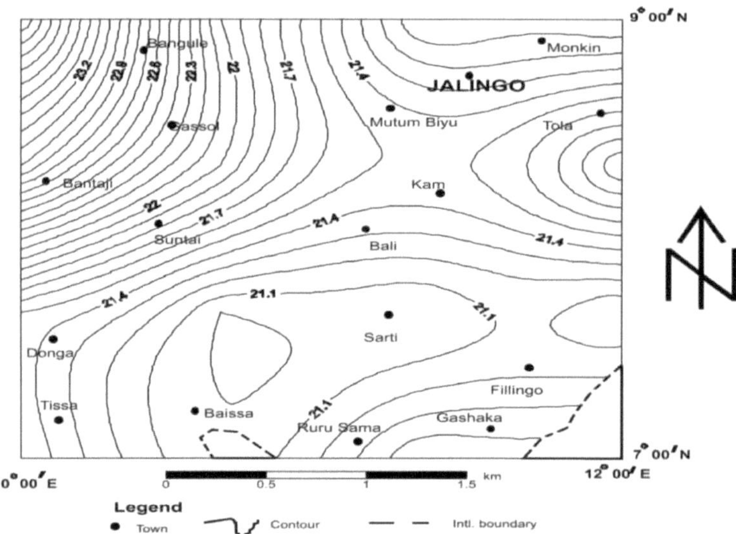

Figura 30. Mapa de contorno do Gradiente Geotérmico da área de estudo. (Intervalo de contorno de 0,1°C km)⁻¹

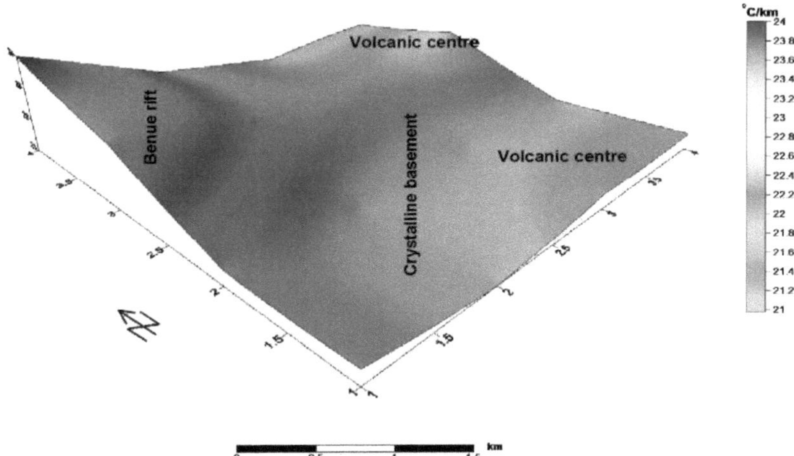

Figura 31. Projeção isométrica do gradiente geotérmico da área de estudo.

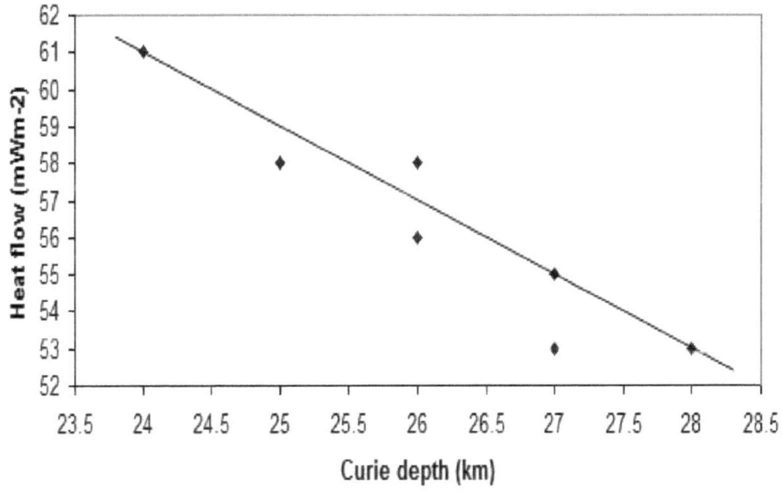

Figura 32. Fluxo de calor versus profundidade do ponto Curie na área de estudo.

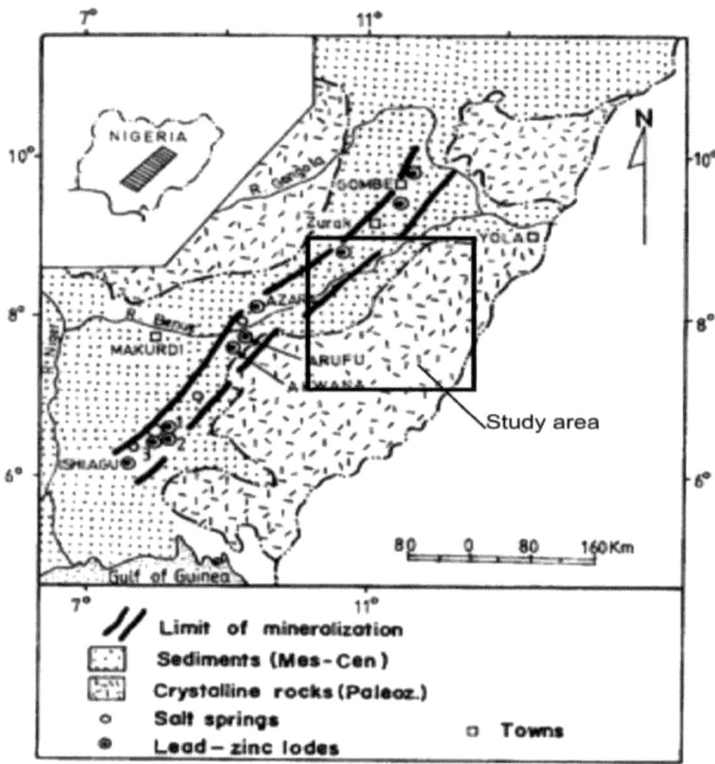

Figura 33. Mineralização cretácica de chumbo e zinco no canal de Benue (segundo Akande et al.,1989)

CAPÍTULO 5
DISCUSSÃO

A mineralização das rochas depende da sua composição química e dos vários episódios tectónicos que afectaram a rocha. Tendo em conta este facto, a intensidade magnética total sobre Jalingo e arredores, após a digitalização, mostrou uma assinatura magnética que varia entre menos de 32 500 nT e mais de 32 900 nT. O mapa de contorno da intensidade total também mostrou a presença de características magnéticas notáveis, que concordam bastante bem com o mapa geológico da área de estudo. Estas podem ser o resultado de rochas intrusivas básicas da linha vulcânica dos Camarões e estão em conformidade com o mapa geológico, enquanto os pontos baixos magnéticos estão associados a rochas graníticas e afins.

Os contrastes de suscetibilidade magnética nas zonas de fratura devem-se à oxidação da magnetite em hematite e/ou ao preenchimento dos planos de fratura por corpos semelhantes a diques cujas susceptibilidades magnéticas são diferentes das das suas rochas hospedeiras (Bassey *et al.*, 2000).

Os lineamentos traçados são representados por linhas traçadas paralelamente ao fecho e/ou alongamento das anomalias no mapa de sinal analítico. A presença destes lineamentos representa falhas, fracturas e fracturas mineralizadas, conforme observado no campo. Estas características podem ter sido factores de controlo de rios e canais na área de estudo e podem significar grandes zonas de fracturação, que se desenvolveram originalmente nas zonas de fraqueza da área. Os lineamentos deduzidos a partir do sinal analítico indicaram que 55% tendem para NE-SW; 30% para NW-SE; 10% para E-W e 5% para N-S, como ilustrado no diagrama de Rose. Isto mostra que as principais direcções de fracturação na área de estudo são NE-SW; NW-SE; e as direcções de fracturação menores tendem para E-W e N-S. Estas correspondem a episódios de deformação Pan-Africanos e Pré-Pan-Africanos na área de estudo. Para além disso, os lineamentos são locais de mineralização secundária na área de estudo. Também se compararam bem com os observados no terreno em quatro áreas seleccionadas.

Nas áreas de Monkin e Jalingo, o tipo de rocha encontrado em Monkin e Jalingo é predominantemente granito de grão médio com alguma mineralização de veios de quartzo, que consiste principalmente em quartzo, feldspatos, biotite e hornblendes. O veio de quartzo tem uma espessura de 20 cm e a fratura com comprimentos aproximados de 70 m e 120 m, respetivamente, são observados no granito de grão médio da área de Monkin, na Latitude 8° 51' 40.5" N e Longitude 11° 41' 51.5" E, a uma elevação de 515.3 m. O veio mineralizado tende a NW-SE e a fratura tende a NE-SW,

Na zona de Jalingo, as juntas e fracturas foram observadas no afloramento de uma pedreira em granito de grão médio. É composto por diorito, granodiorito, quartzo, feldspato e micas. As juntas são visíveis na placa com uma superfície plana e lisa, bem como as fracturas com uma superfície irregular. As juntas têm uma tendência N-S, o que significa que foram iniciadas por deformação frágil na área, enquanto as fracturas têm uma tendência NW-SE. O local situa-se na Latitude 8° 58' 39" N e na longitude 11° 23' 06" E a uma altitude de 328 m.

Em Mutum Biyu e Bantaji, foram observadas concreções de ferro em poços emprestados que cobrem o arenito superior de Bima. Esta concreção é uma precipitação formada em resultado da oxidação da magnetite em hematite. A mineralização de ferro em Mutum Biyu encontra-se na latitude 8° 37' 52.7" N e longitude 10° 49' 0.1" E a uma altitude de 186m e mergulha 84° W e atinge E-W e tem até 9 cm de espessura. Em Bantaji foi também observado um afloramento em fossa emprestada com espessura superior a 30 cm na latitude 8° 07' 33.2" N e longitude 10° 06' 57" E a uma altitude de 109 m, com um mergulho de 70° N e batida NE-SW.

mais ao longo de todo o mineralizado e as fracturas abertas tendem na mesma direção que a direção do lineamento.

Através da transformada de pseudo-gravidade, os resultados obtidos utilizando um programa informático Four pot (com dados aeromagnéticos de intensidade total de menor resolução) mostraram que é possível obter informação geológica adicional através da análise das correlações. Com base na correlação, verifica-se que a parte SW da área de estudo expõe uma área de alta intensidade magnética que não é visível no mapa aeromagnético de intensidade total. Isto representa um sinal de uma fonte magnética profunda que se encontra associada a fontes magnéticas superficiais conhecidas.

O modelo digital do terreno mostrou que 65% da área de estudo é topograficamente baixa com alguns afloramentos. Observou-se também que, a maioria dos afloramentos complexos vistos no modelo digital do terreno tem tendências NW-SE e NE-SW, o que está em linha com as tendências estruturais do complexo do Embasamento do Nordeste.

Os valores magnéticos de intensidade total estão a aumentar de noroeste para leste e sul com a altitude, indicando uma correlação topográfica positiva com o terreno e a geologia, como mostra o modelo digital do terreno.

Os resultados da análise espetral dos dados aeromagnéticos sobre Jalingo e arredores e os métodos de modelação 2-D, que foram utilizados para determinar a profundidade das fontes magnéticas, são agora discutidos em termos de estruturas geológicas. Os resultados da análise espetral dos dados aeromagnéticos sobre Jalingo e arredores sugerem a existência de duas profundidades de fontes principais na parte noroeste, que perfazem 25,5% da área de estudo e estão em conformidade com a calha de Benue, e 74,5% de uma profundidade de fonte, que está em conformidade com a secção do complexo do subsolo da área de estudo. As fontes magnéticas mais profundas representadas pelo primeiro segmento dos espectros reflectem o subsolo pré-câmbrico, enquanto o horizonte magnético mais raso representado pelo segundo segmento dos espectros reflecte fontes magnéticas mais rasas do que o subsolo, o que pode ser o resultado de intrusões próximas da superfície e pode estar intimamente relacionado com a evolução tectónica e estrutural da área de estudo. A profundidade de uma única fonte, que é comum à secção do complexo do subsolo, pode ser o resultado de rochas intrusivas do subsolo. A profundidade média das fontes mais profundas situa-se entre 551 m e 18500 m, e as profundidades das fontes mais superficiais obtidas variam entre 126 m e 550 m.

Os resultados obtidos a partir da modelação 2-D de alguns perfis seleccionados para determinar a profundidade das fontes magnéticas, onde foram consideradas as espessuras máxima e mínima, são explicados a seguir;

Perfil A-A, tendência NE-SW na parte noroeste da área de estudo, a amplitude do campo magnético varia de um mínimo de < -50 nT a um máximo de =100 nT. A espessura do subsolo intemperizado obtida a partir deste modelo varia de um mínimo de 300 m a um máximo de 800 m.

O perfil B-B, é um perfil NE- SW em torno da parte oriental de Kiri da área de estudo com amplitude de campo magnético, que varia de um mínimo de < -200 nT a um máximo de 90 nT. A espessura sedimentar obtida varia entre 500 m e 1800 m.

O perfil C-C, localizado em torno de Sarti, tem uma tendência NE-SW com amplitude magnética mínima de <-100 nT e máxima de > 25 nT. A espessura do embasamento intemperizado varia entre 200 m e 900 m.

O perfil D-D, está localizado na parte sudoeste em torno de Fillinga, tem uma tendência NE-SW com amplitude de campo magnético variando de um mínimo de < -120 nT a um máximo de > 100 nT. A espessura do embasamento intemperizado obtido varia entre 200 m e 500 m.

Perfil E-E, localizado a norte de Mutum Biyu, com tendência NE-SW com amplitude de campo magnético variando de um mínimo de <-120 nT a um máximo de >90 nT e a espessura do subsolo intemperizado varia de 100 m a 500 m.

Os resultados da profundidade das fontes magnéticas obtidos na área de estudo a partir da modelação de alguns perfis seleccionados foram bem comparados e consistentes com os obtidos a partir da análise espetral.

A água subterrânea em áreas de complexos de subsolo é encontrada em grande quantidade em fracturas/lineamentos, subsolo/sobrecarga. Assim, no contexto dos dados magnéticos, os resultados obtidos a partir da análise espetral e da modelação 2-D indicam que as áreas de sobrecarga espessa/base meteorológica e a elevada densidade de fracturas, especialmente na parte da base, são locais potenciais para a exploração de água subterrânea na área de estudo.

Os resultados obtidos estão também de acordo com trabalhos anteriores obtidos a partir de análises gravimétricas e magnéticas efectuadas por vários autores na calha superior e média do Benue.

Ofoegbu, (1988) estimou a espessura dos sedimentos no Alto Benue, que varia entre 500 m e 4600 m, Osazuwa, *et al.*, (1981) estimou a espessura dos sedimentos, que varia entre 900 m e 2200 m a partir da interpretação de dados de gravidade, e 900 m a 4900 m a partir de dados magnéticos. Nur, (2000) também estimou a espessura dos sedimentos, que varia entre 1500 m e 2219 m para fontes mais profundas, e entre 330 m e 414 m para fontes pouco profundas. A partir de trabalhos anteriores efectuados na calha do Benue, observa-se que a espessura dos sedimentos aumenta do Benue superior para o Benue inferior.

A profundidade de Curie calculada, o fluxo de calor e o gradiente geotérmico da área de estudo, utilizando uma fórmula empírica e com base num rácio mínimo de 12:1 do tamanho do bloco para o prisma, são discutidos da seguinte forma: Os gráficos dos logaritmos das energias espectrais, a partir dos quais as profundidades dos pontos de Curie foram calculadas, mostraram que a profundidade média dos pontos de Curie está resumida na Tabela 3. A partir da Tabela 3, observa-se que a profundidade até o centroide (z_0) varia de 12,630 a 16,989 km. Por outro lado, a profundidade até o limite superior (z_t) das fontes magnéticas varia de 1,030 a 4,880 km. A profundidade curie equivalente varia entre 24 e 28 km, valores que se comparam bem com os obtidos em Upper Benue Trough, Sarti e arredores por Nur *et al.,* (1999), Kasidi e Nur (2012b).

A profundidade do ponto Curie obtida reflecte os valores médios da profundidade do ponto Curie local por baixo de cada bloco. Observa-se também que a profundidade de Curie na parte nordeste varia entre 24 e 26 km em comparação com a outra parte da área. Este facto é bastante encorajador; a menor profundidade curie pode dar origem a um elevado fluxo de calor na parte noroeste da área de estudo. Uma vez que se trata de uma secção sedimentar, o fluxo de calor pode desempenhar um papel na geração de petróleo e gás a partir do querogénio ou, pelo contrário, tem o efeito de reduzir a permeabilidade das rochas reservatório. Também vale a pena mencionar que, Farintong (1911) em Kogbe 1989, mostrou que a mineralização de chumbo-zinco está normalmente associada a diorito e dolerito albertizado nas estruturas anticlinais. Ele também observou que a mineralização no vale do Benue é de origem hidrotermal, como apontado por Grant (1971). Existem duas fontes principais de calor da terra, nomeadamente, o arrefecimento lento da terra a partir do seu estado anterior mais quente e, em segundo lugar, a produção de calor radioativo (Strivastava e Singh 1998). A produção de calor radioativo, também designada por produção de calor radiogénico, é gerada principalmente pelo decaimento de isótopos radioactivos de longa duração. Estes isótopos são conhecidos como elementos radioactivos primordiais (existentes desde a formação da Terra), cuja meia-vida é comparada com a idade da Terra.

Por conseguinte, o elevado fluxo de calor na Calha de Benue, tal como observado na parte noroeste da área de estudo, que se insere na Calha de Benue, pode ser o resultado de actividades magmáticas e do afinamento da crosta devido ao rifteamento. O calor devido às actividades magmáticas, bem como o calor do afinamento da crosta, é responsável pelo aumento da temperatura das salmouras quentes em circulação profunda, que lixiviam o metal de um subsolo cristalino subjacente e precipitam nos sedimentos circundantes, o que também é um processo bem documentado nas actuais áreas de potencial geotérmico.

No entanto, sendo mais quentes do que os sedimentos circundantes, os corpos ígneos actuam presumivelmente como fontes subsidiárias de calor para o fluido circulante e até como local para a colocação de veios minerais de mineralização de chumbo e zinco. A sua condição comummente alterada pode ser atribuída à passagem de solução hidrotermal através deles. Embora não possamos excluir a possibilidade (já mencionada) de que algumas das alterações, especialmente a albertização, possam ser devidas ao metassomatismo de soda resultante da intrusão em sedimentos húmidos (Ehinola *et al.*, 2005). Isto indica que o elevado fluxo de calor na Calha de Benue foi responsável pela mineralização de chumbo e zinco.

O resultado obtido na Tabela 3 foi também utilizado para traçar um mapa de contorno da isotérmica de curie. Estas variações da isoterma de profundidade curie podem estar relacionadas com as diferentes actividades tectónicas. Também mostrou que a superfície da isoterma curie é ondulada. É nesta base que várias ideias têm sido avançadas para explicar a origem e a evolução da Calha de Benue (Burke *et al.,* 1972, Ofoegbu 1984). Estes autores são da opinião de que a evolução do canal de Benue envolveu a ascensão astenosférica, o afinamento e o alongamento da crosta, a colocação de corpos ígneos e o bloqueio de falhas.

Osazuwa *et al.,* (1981) interpretaram os perfis de anomalias gravitacionais regionais em termos de um aumento da interface manto - crosta. O seu modelo dá a espessura da crosta no Alto Benue entre 25 e 28 km. Benkhelil (1988), relatou que a configuração geral da crosta sob o canal de Benue mostra um afinamento no eixo da bacia.

Observa-se também que as áreas de rochas vulcânicas no mapa geológico têm uma profundidade de ponto Curie moderada de 26 km em comparação com a área do embasamento cristalino. Isto pode ser o resultado da afluência de magma durante o período Terciário (isto significa que, uma vez que as actividades vulcânicas são recentes, o fluxo de calor nestas áreas pode ser maior devido ao arrefecimento do magma, e isto explica a menor profundidade de Curie. O ponto Curie profundo na parte central da área de estudo pode ser o resultado de uma crosta espessa sob o embasamento cristalino, o que significa que a compensação isostática pode ter talvez empurrado a base da crosta magnética para baixo para compensar o peso do embasamento cristalino, como mostrado na projeção isométrica da profundidade curie da área de estudo. Isto mostra como a isoterma de profundidade curie também é ondulante sob a área de estudo.

No entanto, a partir do mapa de isotermas Curie e do mapa topográfico, foram traçados perfis para construir a profundidade Curie 2-D na área de estudo. Dos quatro perfis seleccionados para ver qualquer relação possível entre a profundidade de Curie e a topografia, uma vez que a profundidade de Curie mostrou ser ondulada. O modelo 2-D obtido a partir dos perfis é melhor explicado da seguinte forma:

A partir dos modelos obtidos, as profundidades Curie têm uma pequena relação com a topografia, esta relação pode ser o resultado da compensação isostática e do rifteamento na parte noroeste da área de estudo. Observa-se também que, a partir do modelo 2-D, a superfície curie não é uniforme, mas sim ondulada e aprofunda-se de 24 km a noroeste para 28 km. Estudos anteriores de Stampolidis, *et al.,* (2005) mostraram que a profundidade do ponto Curie está ligada ao contexto geológico de uma área.

Para os valores de profundidade de Curie obtidos na área de estudo, um gráfico da profundidade do ponto de Curie versus valores de fluxo de calor mostrou uma relação linear inversa distinta. De facto, é evidente que o fluxo de calor aumenta com a diminuição da profundidade do ponto Curie e vice-versa. Isto indica que todas as áreas de profundidade Curie rasa deverão ter um fluxo de calor elevado.

O fluxo de calor calculado e o gradiente geotérmico obtido através de um método empírico são resumidos. O fluxo de calor médio obtido na área de estudo é de 57 mWm^{-2} , o que pode ser considerado como típico da crosta continental (Yamano, 1995). Na maior parte da área de estudo, os fluxos de calor são inferiores a 60 mWm^{-2} , exceto no bloco um (1), que tem até 60 mWm^{-2} , o que é consistente com os valores da profundidade do ponto de Curie observados nesta área e é responsável por muitas actividades ígneas. Os valores do fluxo de calor mostram uma tendência geral de diminuição da parte noroeste em direção à parte central. Todas as áreas com fluxo de calor considerável correspondem a áreas de profundidade curie pouco profunda e podem estar relacionadas com a fenda de Benue e centros vulcânicos; isto pode ser o resultado do afinamento da crosta, bem como da idade das últimas actividades magmáticas que tiveram lugar durante o período Terciário. A mudança quantitativa na profundidade Curie implica que o fluxo de calor na área de estudo também não é uniforme. Isto é mostrado no mapa de contorno do fluxo de calor e na sua projeção isométrica.

No entanto, observa-se que a projeção isométrica do contorno de Curie se relaciona com a projeção isométrica do fluxo de calor inversamente, ou seja, a projeção isométrica da profundidade de Curie é inversamente proporcional à do fluxo de calor, com base no facto de que as áreas de ponto de Curie raso correspondem a áreas de elevado fluxo de calor e vice-versa. Esta relação é digna de nota, uma vez que resulta do adelgaçamento da crosta sob a fissura de Benue e do afloramento da câmara magmática durante as actividades vulcânicas do Terciário, bem como da espessura da crosta devido à compensação isostática na parte central da região.

O gradiente geotérmico calculado na área de estudo varia entre 21 e 24 Ckm^{O-1} com uma média de 22 Ckm^{O-1} . As medições também mostraram que uma região com energia geotérmica significativa é caracterizada por um gradiente de temperatura e um fluxo de calor anómalos e elevados. Espera-se que as áreas geotermicamente activas estejam associadas a pontos de Curie pouco profundos. Esta relação é demonstrada pelo mapa de curvas de nível geotérmicas e pela sua projeção isométrica, que revelam uma semelhança simples. Na sua essência, isto indica que um local com um fluxo de calor significativo tem um elevado potencial de energia geotérmica; caracterizado por uma temperatura anormalmente elevada e, por conseguinte, associado a uma profundidade do ponto Curie pouco profunda. Neste estudo, as áreas de elevado fluxo de calor são consideradas como tendo um potencial de energia geotérmica que pode ser de importância económica, de uma forma ou de outra, para a comunidade imediata e para a Nigéria em geral.

Na parte noroeste da área de estudo, as actividades da pluma mantélica, no início do desbaste e do rifteamento da Calha de Benue, manifestaram-se na variação lateral e vertical da superfície da isoterma Curie ao longo da Calha. Também se registou a colocação de rochas intrusivas/extrusivas ao longo das linhas de fraqueza, sedimentação espessa, dobras e falhas em bloco.

RESUMO, CONCLUSÃO E RECOMENDAÇÃO

Resumo

Nesta análise, os dados de vários mapas de contorno aeromagnéticos foram digitalizados e colocados numa forma composta, o que permite efetuar algumas análises.

Foram utilizados dois métodos para estimar as profundidades das fontes magnéticas a partir da análise espetral dos dados magnéticos e do método de modelação 2-D. Foram obtidos resultados consistentes com estes dois métodos. No entanto, a análise espetral indicou a existência de duas profundidades de fontes magnéticas na secção sedimentar que cobre a parte noroeste da área de estudo, a fonte mais profunda situa-se entre 551 m e 185 m e a fonte mais rasa varia entre 126 m e 550 m. A partir da modelação, os perfis A-A a E-E variam em profundidade entre 100 m e 1800 m. A partir do resultado dos dois métodos aplicados, as áreas de sobrecarga espessa / subsolo intemperizado e alta densidade de fracturas são consideradas locais potenciais para a exploração de água subterrânea na área de estudo.

As tendências estruturais observadas a partir dos sinais analíticos dos dados transformados de Hilbert têm tendências principais de NE-SW, NW-SE, com estrias menores de E-W e N-S. A magnitude e a direção mostram que 55% das tendências são NE-SW; 30% NW-SE; 10%, E-W e 5% N-S. A maioria dos lineamentos de alta magnitude pode ser atribuída a fracturas profundas, enquanto que os de baixa magnitude podem ser atribuídos a zonas meteorológicas pouco profundas na área. A profundidade do ponto de Curie, o fluxo de calor e o gradiente geotérmico para a área de estudo foram estimados utilizando dados magnéticos de superfície através de análise espetral. O resultado revela que a profundidade do ponto Curie varia inversamente com o fluxo de calor; isto mostra que o fluxo de calor na área de estudo diminui com o aumento da profundidade Curie. As tendências gerais da profundidade do ponto Curie são consistentes com o regime geotectónico predominante na área de estudo. A maior profundidade do ponto Curie (crosta magnética espessa) na parte central da área de estudo deve-se à compensação isostática da rocha basal cristalina. Por conseguinte, o conhecimento da profundidade do ponto de Curie e do seu fluxo de calor é de interesse e pode ser relacionado com a história térmica de uma área. Este estudo ilustra que os dados magnéticos de superfície podem ser utilizados para produzir estimativas da profundidade de Curie mesmo para regiões com escassez de dados de fluxo de calor e gradiente geotérmico.

Conclusão

Em conclusão, foram determinados a profundidade das fontes magnéticas, os potenciais de água subterrânea e os potenciais de mineralização secundária, os potenciais de reservatório geotérmico na área de estudo. Em vista disso, a área de estudo pode ser vista como um alvo para a exploração mineral, bem como para a exploração de reservatórios geotérmicos para uma fonte alternativa de energia. A parte noroeste da área de estudo também pode ser um começo encorajador para uma investigação geofísica mais séria e detalhada de hidrocarbonetos. E, finalmente, é uma área importante para a exploração de águas subterrâneas. No entanto, este estudo ilustrou que os dados magnéticos de superfície podem ser utilizados para produzir a profundidade da fonte magnética, o potencial de mineralização secundária e a estimativa da profundidade do ponto Curie, mesmo na região com escassez de dados sobre o fluxo de calor e o gradiente geotérmico

Recomendações

Com base nos resultados da análise espetral e da modelação 2-D dos dados magnéticos na área do complexo do subsolo, as áreas de sobrecarga espessa e do subsolo desgastado podem ser investigadas quanto ao potencial das águas subterrâneas

A secção do complexo do subsolo da área de estudo, onde os lineamentos são densos, mostrados no mapa de sinal analítico, é recomendada para uma exploração mineral mais detalhada.

A parte noroeste da área de estudo também é recomendada para uma exploração geofísica mais pormenorizada de hidrocarbonetos, uma vez que os valores do fluxo de calor podem servir de orientação. No entanto, os centros vulcânicos, especialmente na parte sul e leste da área de estudo, são recomendados para uma exploração geofísica mais pormenorizada de fontes alternativas de energia (energia geotérmica).

contributos para o conhecimento

Como contribuição do estudo para o conhecimento, uma das aplicações geológicas mais úteis dos levantamentos magnéticos é o mapeamento de tendências estruturais seguindo as linhas de contorno magnético. Em alguns casos, as lineações reflectem as linhas de ataque de características intrusivas alongadas ou grandes falhas subsuperficiais, que reflectem a topografia ou litologia do subsolo. Tais características são frequentemente preenchidas com mineralização secundária e escondidas sob uma cobertura sedimentar e aparecem apenas em mapas magnéticos. Com base neste facto, o resultado da análise mostrou que a área de estudo tem potencial para mineralização secundária, que pode ser utilizada para exploração mineral.

Tendo em conta os esforços crescentes para explorar novas e mais localizações de energia na Nigéria, é agora um facto conhecido que as áreas de profundidade rasa do ponto de Curie correspondem a áreas de elevado fluxo de calor no complexo do subsolo, especialmente em centros vulcânicos. Estes são locais potenciais para a exploração de reservatórios geotérmicos, que podem ser utilizados como uma fonte alternativa de energia.

No entanto, o resultado do fluxo de calor e da profundidade de Curie na parte noroeste da área de estudo, sendo uma bacia sedimentar, também deu um começo encorajador para uma investigação geofísica mais séria e detalhada para hidrocarbonetos (pioneiro para a exploração de hidrocarbonetos), uma vez que o fluxo de calor necessário para a geração de petróleo e gás a partir de querogénio num campo de petróleo é entre 70-100 mWm^2 (Selley, 1998, Leversen, 2004) e que, o resultado obtido na parte noroeste da área de estudo é 61 mWm^2

As águas subterrâneas em áreas de complexos de subsolo são delineadas a partir de subsolo/sobrecarga e fracturas/lineamentos. Assim, as áreas de elevada intensidade de fracturas, especialmente na parte sudeste, a sobrecarga espessa e o subsolo intemperizado são locais potenciais para a exploração de águas subterrâneas.

Em termos académicos, os resultados da análise mostraram que, a profundidade das fontes magnéticas para a área de estudo era conhecida por ter fontes rasas e mais profundas, que variam entre 126 m e 550 m e 551 m e 1850 m, respetivamente. Estes valores são consistentes com a geologia da área de estudo. Também as profundidades aos pontos de Curie, fluxo de calor e gradiente geotérmico conhecidos deste trabalho; entre 24 e 28 km, 52 e 60 mWm^{-2} e 21 e 24 Ckm^{O-1} respetivamente, e são consistentes com as actividades geotectónicas regionais.

Com base nestes resultados, concluímos então que o mecanismo mais plausível responsável pelo fluxo de calor moderado observado neste estudo é o rifting induzido tectonicamente e o magmatismo que ocorreu durante o Cretácico, o período Terciário e a orogenia Pan-Africana.

REFERÊNCIAS

Akande, O. Zentelli, M. e Reynold, P.H. (1989). Inclusão de fluidos e estudos de isótopos estáveis da mineralização Pb-Zn-Fluorite-Barite na calha inferior e média de Benue, Nigéria. Springer- Verlag, Mineralium deposita. Vol. 24, No. 3, pp. 182 -191.

Badalyan, M. (2000). Geothermal features of Armenia: a country update, Proceedings World Geothermal Congress, Kyushu-Tohoku, Japan Vol. 2, pp. 71-76.

Banerjee, B., P. B. V. Subba Rao, Gautam Gupta, E. J. Joseph, e B. P. Singh. (1998) Results from a magnetic survey and geomagnetic depth sounding in the post- eruption phase of the Barren Island volcano, Earth Planets Space, Vol. 50, pp. 27-338.

Baranov, V. (1957). Um novo método de interpretação de mapas aeromagnéticos: anomalias pseudo-gravimétricas: Geofísica, Vol. 22, pp. 359-383.

Bassey, N.E. (1988). Interpretação geológica de mapas aeromagnéticos de Obudu e arredores. Tese de mestrado não publicada, Universidade de Calabar, Nigéria.

Bassey, N.E. (2006 a). Síntese tectónica de dados estruturais da área de Uba na Cave de Hawal, Nordeste da Nigéria. Revista global de ciências geológicas, Vol. 4 No.2. pp. 193197

Bassey, N.E. (2006 b). Uma interpretação tectónica de uma anomalia magnética linear sobre Chibok, Nordeste da Nigéria. Revista global de ciências geológicas, Vol. 4 No. 1. pp. 73-78.

Bassey, N.E. (2007 a). Mass wasting in Song area of the hawal Basement, Northeastern Nigeria. Revista global de ciências geológicas, Vol. 6 No. 1. pp. 65-70.

Bassey, N.E. (2007 b).Características de deformação frágil da área de Michika, complexo do subsolo de Hawal, Nordeste da Nigéria. Revista global de ciências geológicas, Vol. 5No   .1&2. pp. 51-54.

Bassey, N. E. Nur, A. e Obiefuna, G. I. (2000). Analysis of Aerial Photographic data over Guyuk area, North-eastern Nigeria. Journal of Mining and Geology, Vol. 36, No. 2, pp. 45-152.

Becker, H. (1991). Model Calculations of archaeological Structures based on magnetic prospecting with optically pumped magnetometers. Workshop sobre conversão de dados geofísicos na investigação de sítios arqueológicos. FU. Berlim 1991 (Resumo).

Benkhelil J. (1988). Estrutura e evolução Geodinâmica da bacia intracontinetal Bull. centros reach.Explor. Prod. Elf Aquitain, Vol. 1207, pp. 29 - 128.

Bhattacharryya, B.K.e L.K. Leu. (1975). Spectral analysis of gravity and agnetic anomalies due two dimensional structures, Geophysics, Vol. 40, pp. 993-1031.

Blakely, R.J. (1988). Análise da isoterma de temperatura de Curie e implicações tectónicas dos dados aeromagnéticos do Nevada. Journal of Geophysical Research-Solid Earth, Vol.93, pp. 11817-11832.

Blakely, R. J. e S. Hassan Z. (1981). Estimativa da profundidade da fonte magnética usando espectros de potência de entropia máxima, com aplicação à Fossa Peru-Chile, em Nazca Plate: Crustal Formation and Andean Convergence, Geolog.Soc.America Memoir, Vol.154, pp. 667-682.

Blakely, R.J., e Simpson, R.W. (1986). Aproximação de bordas de corpos-fonte a partir de anomalias magnéticas ou gravitacionais: Geophysics, Vol.51, No.7, pp 1494-1498.

Braide , S.P. (1992). Desenvolvimento geológico, origem e potencial de recursos minerais energéticos da formação lokoja na Bacia de Bida do Sul. Journ. of Mining and Geology Vol, 28, No. 1, pp. 33-44.

Burke, K. Dessauvagie, T.F.J. e Whiteman, A.J. (1972). Geological history of the Benue Valley, and adjacent areas. In: T.F.J. Dessauvagie e A.J. Whiteman, (eds). African geology, Imprensa da Universidade de Ibadan, Ibadan, pp. 187-206

Byerly, P. E. e. Stolt, R. H. (1977). Uma tentativa de definir a isoterma do ponto curie no norte e centro do Arizona, Geofísica, Vol. 42, Pp 1394-1400.

Carmicheal, R. S. (1982). Magnetic Properties of Minerals and Rocks (Propriedades Magnéticas de Minerais e Rochas): CRC Handbook Physical Properties of Rocks, 2, Ch. 2, (ed. Carmichael, R. S.)

Carter, J. D., Barber, W., Tait, E. A. e Jones, G. P. (1963). The geology of parts of Adamawa, Bauchi and Bornu Provinces in north-eastern Nigeria (A geologia de partes das províncias de Adamawa, Bauchi e Bornu no nordeste da Nigéria). Bull. Geol. Surv. Nigeria, No. 30.

Chukwu-Ike, I.M. (1978). A configuração tectónica regional da cintura metassedimentar de baixo grau do noroeste da Nigéria. Nigerian Journ.of min. Geol. Vol. 15, pp.19- 22

Connard, G., Couch, R. e Gemperle, M. (1983).Analysisof aeromagnetic measuremen from the Cascade Range in Central Oregon. Geophysics, Vol. 48, pp. 376-390.

Dada, S.S. (1999). Geoquímica e petrogénese do complexo Achean Gneisis retrabalhado do centro-norte da Nigéria. Vol. 4, No.5, pp. 65-74

Dolmaz, M. N., Z. M. Hisarli, T. Ustaomer, e Orbay, N. (2005. Curie point depths based on spectrum analysis of the aeromagnetic data, West Anatolian Extensional Province, Turkey, Pure and Appl. Geop.,Vol. 162, pp. 571-590.

Domzalski, W. (1958): Importância da aeromagnética na evolução do controlo estrutural da Mineralização. Geofísica. Prosp, Vol. 6, pp. 1-10.

Edet, A.E., Teme, S.C., Okereke, C.S., e Esu, E.O. (1994). Análise de lineamentos e exploração de águas subterrâneas no maciço pré-cambriano de Oban e no planalto de Obudu, no sudeste da Nigéria. Journ. of Min. Geol. Vol. 30, No.1, pp.87-95.

Ene, K.E e Mbonu, W.C. (1988). The Metasedimentary belts of the Nigerian basement complex-facts, fallacies and new frontiers, In P.O.Olayide (coordinator), Precambrian Geology of Nigeria. Geol. Surv. Nigéria. pp. 56-67.

Ekwueme, B.N. (1994). Características estruturais do planalto meridional de Obudu, maciço de Bamenda, SE da Nigéria, Interpretação preliminar. Jour. Mining. Geol, Vol. 30, No.1, pp. 45 - 59.

Ekwueme, B.N. (2003). A geologia pré-cambriana e a evolução do complexo basal do sudeste da Nigéria. Uni. Calabar press 135P

Falconer, J.D. (1911). The geology and geography of Northern Nigeria Macmillan &sons Ltd London

Getech Group Plc. (2007). Processamento avançado e interpretação de dados gravimétricos e magnéticos. GETECH Kitson House Elmete Hall Leeds LS8.2LJ Reino Unido

Grant, N. K. (1971). Atlântico Sul, calha de Benue e junção tripla do Cretáceo do Golfo da Guiné. Bull. geol. Soc. Am. Vol. 82, pp. 2295-2298.

Grant, N.K. (1978). Distinção estrutural entre uma cobertura metassedimentar e o subsolo subjacente no domínio pan-africano de 600 m.a. do noroeste da Nigéria. Geol. da África Ocidental. Sic.
Am. Bull. Vol. 89, pp. 50 - 58.

Grauch, V.J.S., e Cordell, L. (1987). Limitação na determinação de limites de densidade ou magnéticos a partir do gradiente horizontal de dados de gravidade ou pseudogravidade: Geophysics, Vol. 52, No.1, pp. 118-121.

Hahn, A. E.,Kind. G,e Mishra, D.C. (1976). Estimativa da profundidade de fontes rnagnéticas por meio de espectros de amplitude de Fourier. Geoph .Prospect. Vol. 24, pp. 287 - 309.

Iliya, A.G e Bassey, N.E. (1993). Um estudo magnético regional do maciço pré-cambriano de Oban e Obudu, Sudeste da Nigéria. Journ. of Min. Geol. Vol.9, No.2, pp. 101-110.

Hisarli, Z. M. (1996). Determination of Curie Point Depths in Western Anatolia andRelated with the Geothermal Areas, Ph.D. Thesis, Istanbul University, Turkey (unpubl.), (em turco com resumo em inglês).

Hunt, C. P, Moskowitz, B, M e Banerjee, S.K. (1995), Magnetic properties of rocks and minerals, em Rock Physics and Phase Relations: A Handbook of Physical Constants, editado por T. J. Ahrens, pp. 189- 204, AGU, Washington, D. C.

Kanasewich, E. R. (1975). Time Sequence Analysis in Geophysics, University of Alberta Press, Edmonton, Canadá.

Kasidi, S. (2007). Interpretação de dados aeromagnéticos sobre os subsolos de Hawal e Adamawa, no nordeste da Nigéria. (Tese de Mestrado não publicada).

Kasidi, S e Nur, A. (2012a). Análise de dados aeromagnéticos sobre Mutum-Biyu e arredores, Nordeste da Nigéria. Revista Internacional de Investigação em Engenharia e Ciências Aplicadas, Vol. 2, No.1, pp.142 - 148.

Kasidi, S. e Nur A. (2012b). Isotérmica de profundidade de Curie deduzida da análise espetral de dados magnéticos sobre Sarti e arredores no nordeste da Nigéria. Revista Internacional de Ciências da Terra e Engenharia. Vol. 5, No. 5(1). pp. 1284-1290.

Kasidi, S. e Nur, A. (2013). Análise espetral de dados magnéticos sobre Jalingo e Environs North-Eastern Nigeria. Revista internacional de ciência e investigação. Vol.2 No. 2, pp. 447454. www.ijsr.net

Kearey, P., Brooks, M., e Hill, I. (2002). An Introduction to Geophysical Exploration, Blackwell Publishing, 3rd edn. Pp. 250.

Kogbe,C.A. (1989). Geology of Nigeria, segunda edição, Elizebethan Pub.Co. Lagos pp.538

Likkason, O. K. (2007). Análise espetral angular de dados aeromagnéticos sobre a calha média de Benue, Nigéria. Journal of mining and Geology. Vol. 43, No. 1, pp. 53-62.

Leversen, A.I. (2004). Geologia do petróleo. Segunda edição, CBS Publishers and distributors pvt. Ltd. Nova Deli -Índia. Pp. 724

Markku, P. (2009). Processamento baseado na transformada de Fourier de dados de campo potencial 2D Versão 1.0a (software). Division of Geophysics, Department of Geosciences FIN- 90014 University of Oulu Finland.

Mccurry, P. (1976). A geologia das rochas pré-cambrianas e paleozóicas inferiores do Norte da Nigéria - uma revisão. In: C.A Kogbe (Ed). Geology of Nigeria, Elizebeth press, Lagos. pp. 15-39.

Nafiz, M. (2009).Propriedades térmicas da crosta dos pontídeos centrais (Norte da Turquia) deduzidas da análise espetral de dados magnéticos. Turkish J. Earth Sci.), Vol. 18, 2009, pp. 383-392

Nagata, T. (1961). Rock Magnetism. Maruzen, Tóquio. Nnange, J.M, poudjom Djomani, pp. 350.

Negi, J.G, Agrawal, P.K, e Rao, K,N. (1983). Modelo tridimensional da área de Koyna do Estado de Maharashtra (Índia) baseado na análise espetral de dados aeromagnéticos. Revista internacional de ciência e investigação. Vol.1 No. 2, pp. 47-53.

Agência de Estudos Geológicos da Nigéria. (1975). Mapa de Contornos de Levantamento Magnetométrico de Ossos Aéreos da Intensidade Total do Campo Magnético, escala 1:100.000.

Agência de Estudos Geológicos da Nigéria. (2006). Mapa geológico da Nigéria, escala 1: 2.000.000.

Nnange, J.M, Poudjom Djomani, Y.H, Fairhead, J.D. e Ebinger, C. (2001). Determinação do mecanismo de compensação isostática da região da cúpula de Adamawa, África Central Ocidental, utilizando a técnica de admissão de dados gravitacionais. Jornal Africano de Ciência e Tecnologia, Série Ciência e Engenharia Vol. 1 No.4, pp. 29-35.

Nuri D, M. Timur U, Z. Mumtaz H, e Naci O. (2005). Variações da profundidade do ponto de Curie para inferir a estrutura térmica da crosta na zona de convergência África-Eurásia, SW Turquia. Journ. Planetas Terra Espaço Vol. 57, pp. 373-383

Nur, A. (2000). Análise de dados aeromagnéticos sobre o braço de Yola da calha de Benue, Nigéria. Mining and Geol. Vol. 36 (1), pp 77 - 84.

Nur. A, Ofoegbu, C.O. and Onuoha K.M. (1994).Spectral analyses of aeromagnetic data over Middle Benue Trough Nigeria: Journ. Min. Geol. Vol. 30, No. 2, pp 211-217.

Nur. A, Ofoegbu, C.O. e Onuoha K.M. (1999). Estimativa da profundidade da isoterma do ponto curie na calha superior do Benue, Nigéria. Jour. Min. Geol. Vol. 35 (1), pp. 53 - 60.

Nur A, Kamurena, E e Kasidi S. (2011). Análise de dados aeromagnéticos sobre Garkida e arredores, Nordeste da Nigéria. Jornal Global de Ciências Puras e Aplicadas. Vol. 17, No.2, pp. 209 - 214.

Nwachuku, J.I. (1985). Petroleum prospects of Benue Trough, Nigeria. Boletim da AAPG. Centros de Investigação, Vol.69, p 601-609

Nwankwo,L.I, Olasehinde , P.I and Akoshile, C.O. (2011).Heat flow anomalies from the spectral analysis of Airborne Magnetic data of Nupe Basin, Nigeria. Jornal Asiático de Ciências da Terra. Vol.1. No.1, pp. 1-6.

Odeyemi, I. (1982). Uma revisão dos eventos orogénicos no subsolo pré-cambriano da Nigéria, África Ocidental Geol. Rundsch Vol.70, pp.897-909.

Offodile, M.E. (1976).The geology of the Middle Benue, Nigeria. Publ. paleont.inst. Uni, de Uppsalla, Suécia.

Offodile, M.E. (1977). A review of the geology of the Cretaceous Benue Trough in Geology of Nigeria (Ed. Kogbe, C.A), pp. 319-330. Elizabeth no prelo Lagos. 319- 330

Ofoegbu, C. O. (1984) : Anomalias aeromagnéticas sobre a calha inferior e média de Benue, Nigéria, Nig, J, Ming, Geol, Vol. 21, pp.103 -108.

Ofoegbu, C.O. (1985). Anomalia magnética de onda longa e estrutura crustal sob a calha de Benue e regiões circundantes. Nig. J. Min. Geol. Vol. 22, pp. 45 - 50.

Ofoegbu, C.O. (1988). Um estudo aeromagnético de parte da calha superior do Benue, Nigéria. Jour. Afr.Earth Sci. Vol. 7, pp. 77 - 90.

Ofoegbu, C.O., e Mohan, N.I. (1990). Interpretação de anomalias aeromagnéticas em partes do sudeste da Nigéria usando transformações tridimensionais de Hilbert. Pageoph, Vol. 134, pp 13-29.

Ofoegbu , C.O. e Onuoha, K. M. (1991). Análise de dados magnéticos sobre o Anticlinório de Abakaliki da calha inferior de Benue, Nigéria. Marine and Petr. Geol, Vol. 8, pp. 174 - 183.

Okereke,C.S e Fairhead, J.D.(1984). Um catálogo de medições da gravidade para a Nigéria e os Camarões. Relatório não publicado. Departamento de Ciências da Terra da Universidade de Leeds (U.K)

Okubo,Y.J. R. Graf, R. O. Hansen, K. Ogawa, e, H.Tsu. (1985). Curie point depth of the Island of Kyushu and surrounding areas, Japan Geophysic. Vol. 53. pp. 481-491.

Okubo, Y. Tsu, H. e Ogawa, K. (1989). Estimativa da temperatura do ponto Curie e da estrutura geotérmica dos arcos insulares do Japão. Tectonophysics ,Vol.159, pp. 279-290.

Okubo, Y. e Matsunaga, T. (1994). Curie point depth in northeast Japan and its correlation with regional thermal structure and seismicity, J. Geophys. Res.,Vol. 99(B11), pp. 2236322371.

Oluyide, P.O. (1988). Tendências estruturais no complexo basal nigeriano. Geologia pré-cambriana . GSN. pp. 93-98

Onwuemesi, A.G. (1997). Análise espetral unidimensional das anomalias aeromagnéticas e da isoterma de profundidade curie na bacia de Anambra, na Nigéria. Journal of Geodynamics, Vol. 23 No.2, pp. 95-107.

Osazuwa, I.B., Ajakaiye, D. E e Verheijin, P.J.T. (1981). Análise da estrutura de parte do Vale do Benue com base em novos dados geofísicos. Earth Evol. Sci., Vol. 2, pp. 126135.

Oyewoye. (1972). O complexo basal da Nigéria. Em T.F.J Dessauvagie e A.J. Whiteman (editores) African Geology Univ. Ibadan Press pp 67-99

Prabhakar, S.N. e Mathew M.P. (1998). Analysis of Geophysical potential fields (Análise de campos potenciais geofísicos). Vol.5.pp. 298. http:// www.isbn:9780444828019

Pratt, D.A, e Shi, Z. (2004). Uma técnica melhorada de transformação magnética de pseudo-gravidade para investigação de rochas de origem magnética profunda. ASEG 17th Geophysical Conference and Exhibition, Sydney. http://web2.encom.com.au/ASEG

.

Rahaman, M.A. (1976). A review of the basement complex of south western Nigeria. Em Geologia da Nigéria, Kogbe C.A (editor), Elizabethan Pub.Co.Lagos, pp. 41-58

Roest, W.R., Verhoef, J., e Pilkington M. (1993). Interpretação magnética utilizando o sinal analítico 3-D: Geophysics, Vol.57, No.1, pp.116-125.

Selley, R.C, (1998). Element of petroleum geology, 2nd Edition. Publicado pela Academic press, uma divisão da Harcourt Brace and company, Califórnia, EUA. Pp. 460.

Sharma, P. V. (1987): Magnetic method applied t o mineral exploration, Ore Geol. Rev., Vol. 2, pp.323 - 357.

Smith, R.S., Thurston, J.B., Dai, Ting-Fan, e MacLeod, I.N. (1998). O método melhorado de imagem de parâmetro de fonte: Geophysical Prospecting, Vol.46, pp.141-151.

Spector, A. e Grant, F.S. (1970). Statistical models for interpreting aeromagnetic data, Geophysics, Vol. 35, pp. 293 - 302.

Shuey, R.T., Schellinger, D.K., Tripp, A.C. & Alley, L.B. (1977). Determinação da profundidade de Curie a partir de espectros aeromagnéticos. Geophysical Journal and Royal Astronomical Societies.Vol. 50, pp.75-101.

Stampolidis, A. Kane, I. Tsokas G.N. e Tsourlo P., (2005). Profundidades de ponto Curie da Albânia inferidas a partir de dados magnéticos de campo total no solo. Surveys in Geophysics.Vol. 26, pp. 461-480.

Stefan, M., e Vijay, D., (1996). Estimativa de profundidade a partir do espetro de potência escalar de campos potenciais? Geofísica. J. Int., Vol.124, pp.113-120.

Strivastava, K. e Singh, R.N. (1998). Um modelo para variações de temperatura em bacias sedimentares devido a fontes de calor radiogénicas aleatórias. Geophysical J. Intl., pp.135-147

Tanaka, A. Y. Okubo e O. Matsubayashi. (1999). Curie point depth based on spectrum analysis of the magnetic anomaly data in East and Southeast Asia, Tectonophysics, Vol. 306, pp. 461-470.

Telford, W. M., Geldart, L. P., e Sheri, R. E. (1990). Applied Geophysics, Cambridge University Press, segunda edição. Pp500

Thurston, J.B., e Smith, R.S. (1997). Conversão automática de dados magnéticos para profundidade, mergulho e contraste de suscetibilidade utilizando o método SPI: Geophysics, Vol.62, No.3, pp. 807-813.

Tselentis, G.A. (1991). Uma tentativa de definir a profundidade de Curie na Grécia a partir de dados aeromagnéticos e de fluxo de calor. PAGEOPH, Vol. 136, No.1, pp. 87-101.

United State Geologic Survey, (2012). Base de dados de informação geográfica do United State geological Survey.

Vacquier, V. e J. Affleck. (1941). A Computation of average depth to bottom of the Earth's magnetic crust, based on a statistical study of local magnetic anomalies, Trans. Amer. Geophys. Union, Vol. 22, pp.446-450.

Woakes, M, Rahaman, M.A. and Ajibade, A.C. (1987).Some metallogenic features of the Nigerian basement complex. Journ. Afr. Earth Sci. Vol.6. No.5, pp 655-664.

Wasilewski, P. J., e Mayhew, M.A. (1979), The Moho as a magnetic boundary revisited, Geophys. Res. Lett, Vol. 19, pp 2259-2262, doi:10.1029/ 92GL01997.
Yamano, M. (1995). Estudos recentes de fluxo de calor no Japão e arredores. Em: Gupta, M.L. e
Yamano, M. (eds), Terrestrial Heat Flow and Geothermal Energy in Asia. A.A.Balkema, Roterdão, pp.173-200.
Zietz, I. e Andreasen, G.E. (1967). Magnetização remanescente e interpretação aeromagnética. Geofísica de minas Vol. 2, pp.569-590.

APÊNDICE A

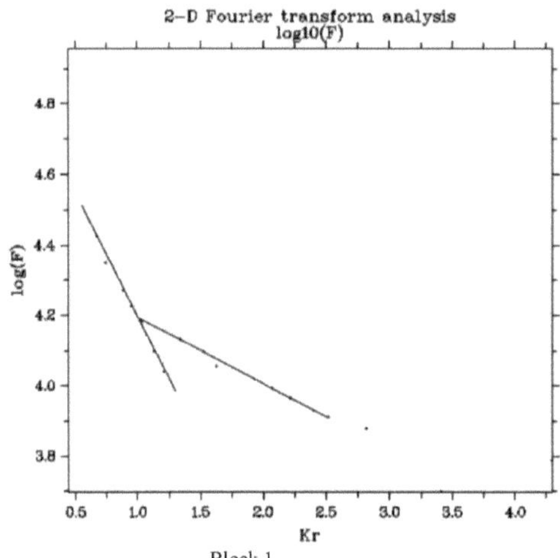

Block 1

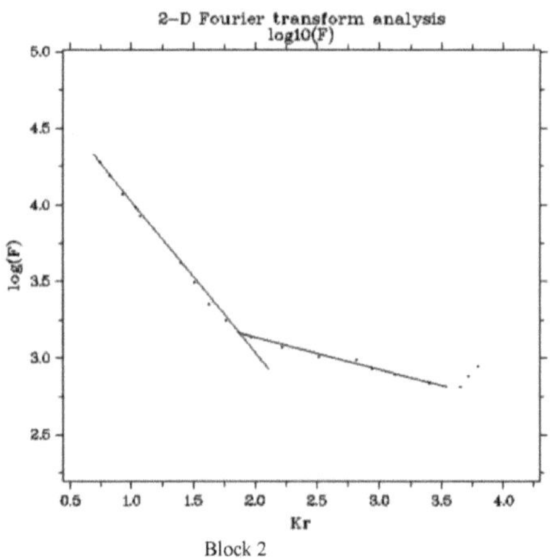

Block 2

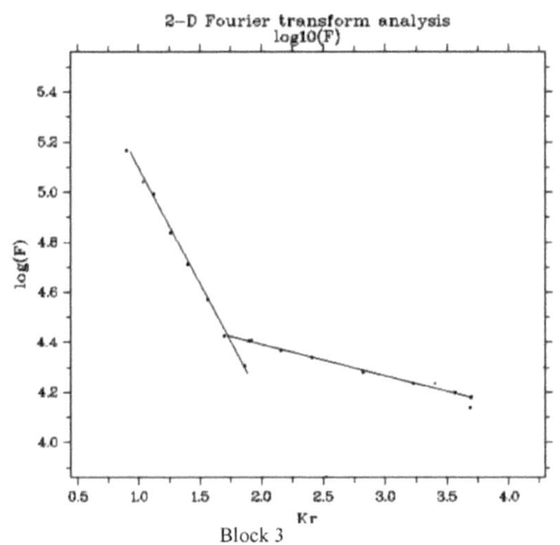

Block 3

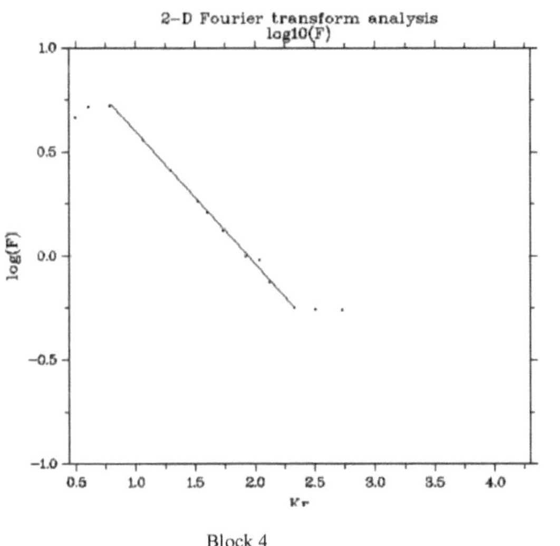

Block 4

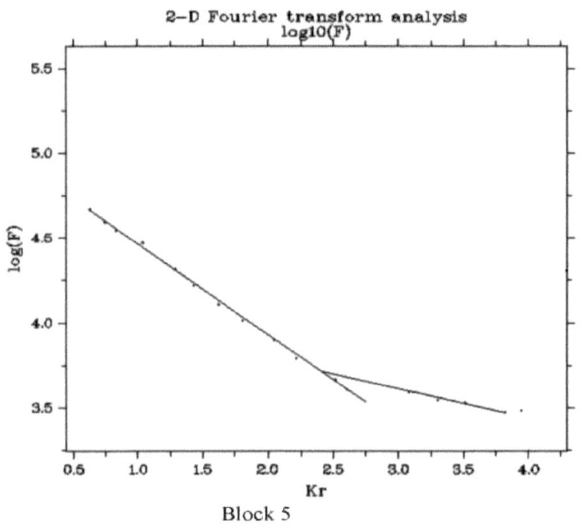

Block 5

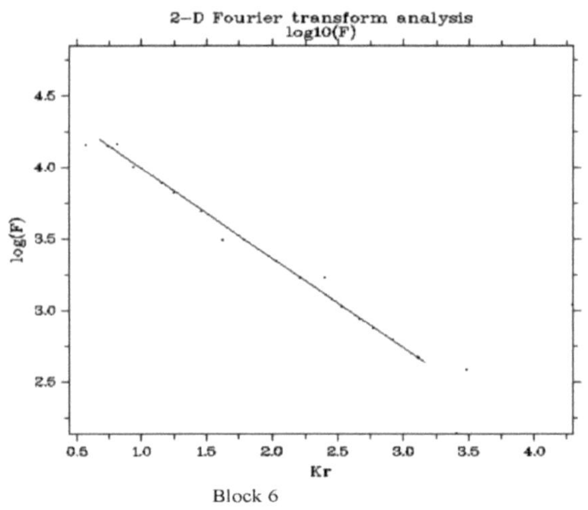

Block 6

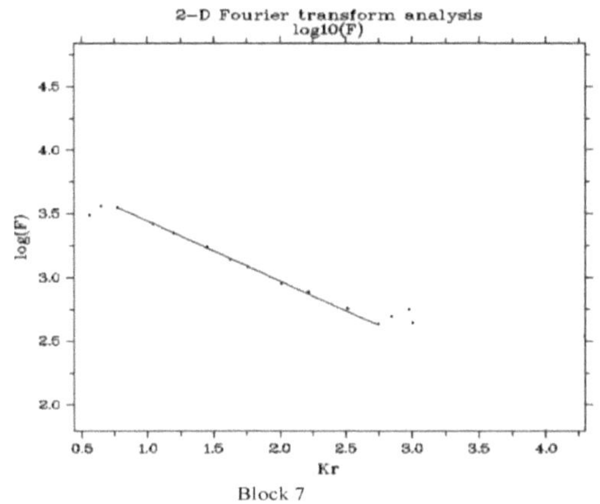

Block 7

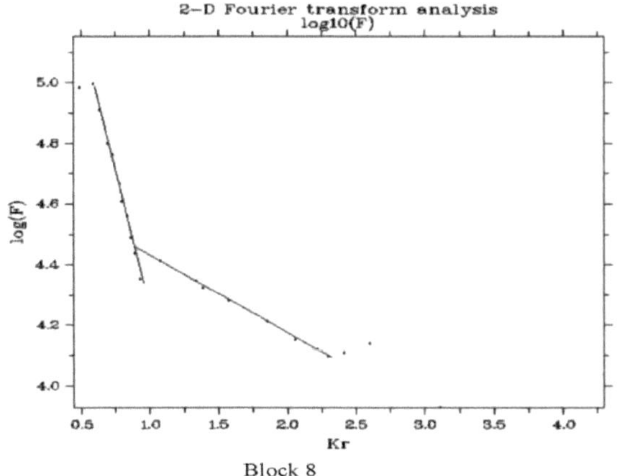

Block 8

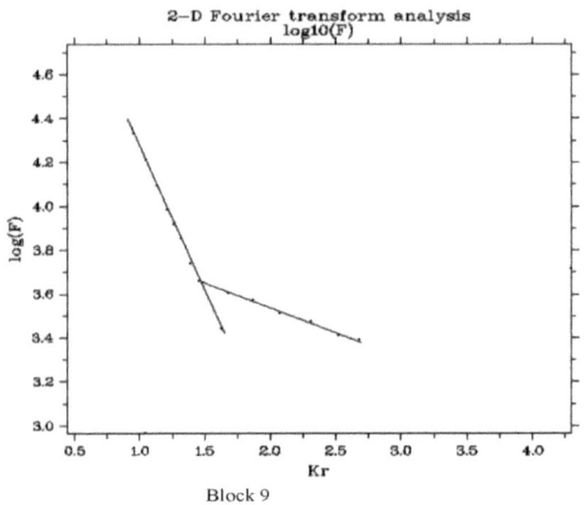

Block 9

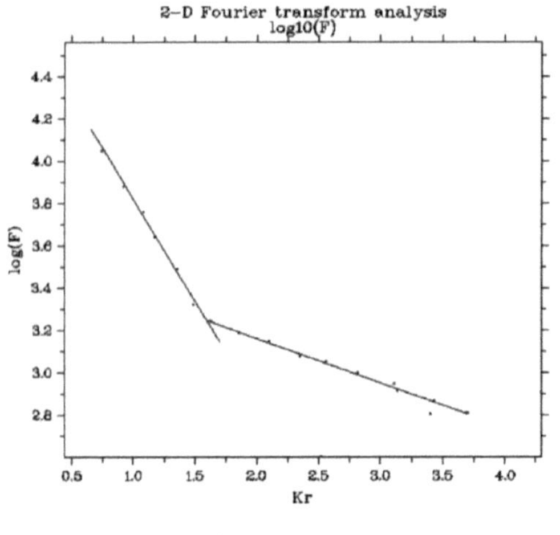

Block 10

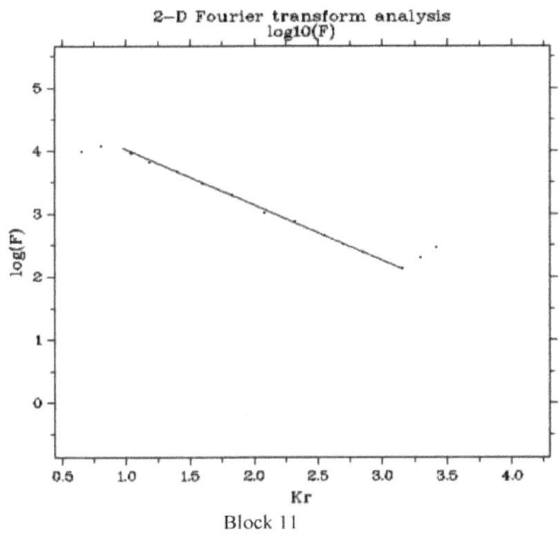

Block 11

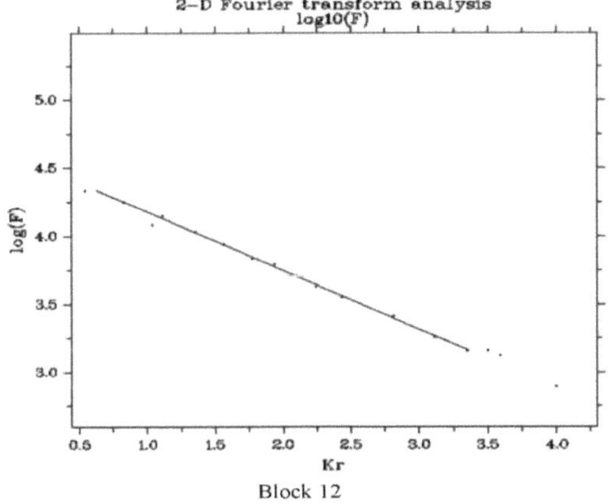

Block 12

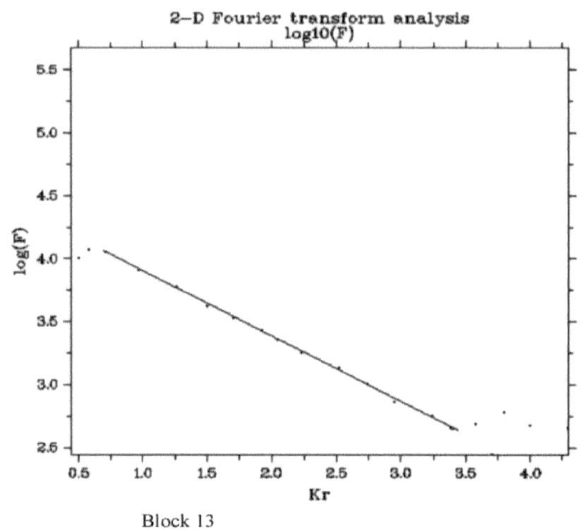

Block 13

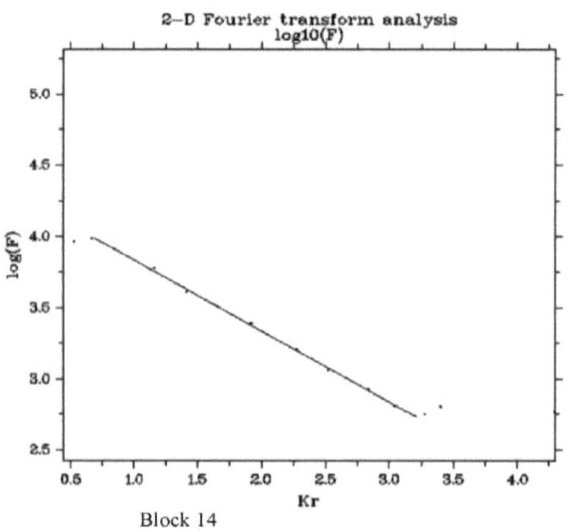

Block 14

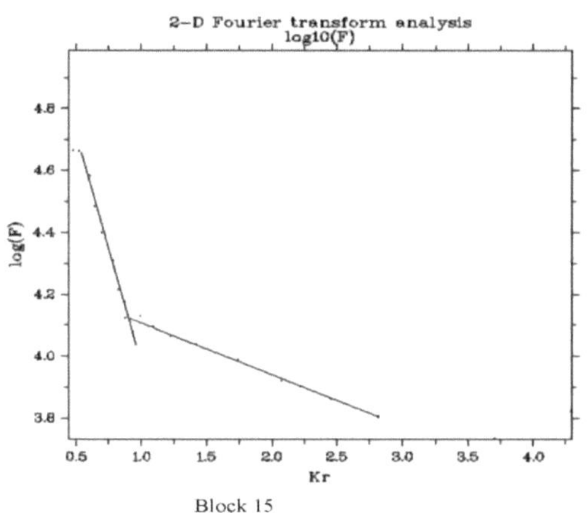

Block 15

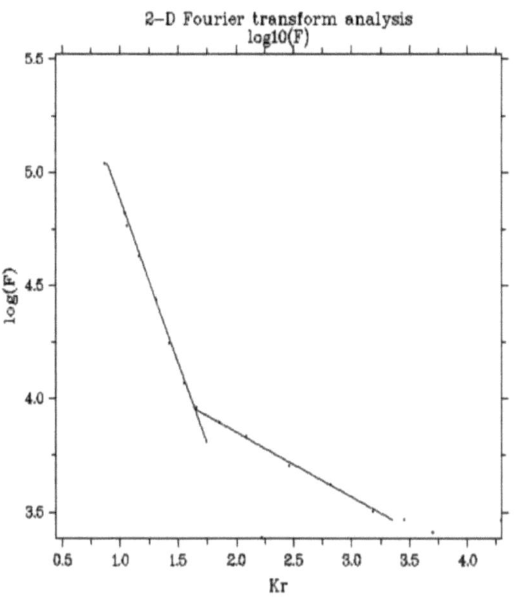

Block 16

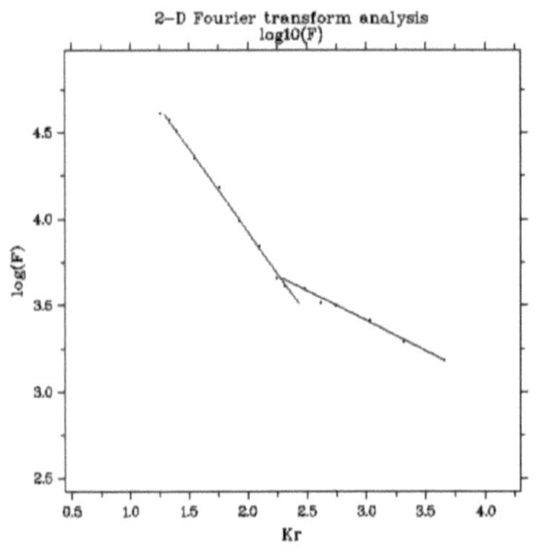

Block 17

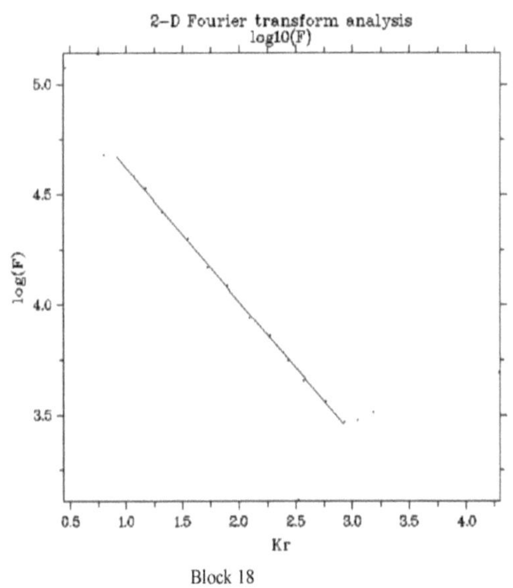

Block 18

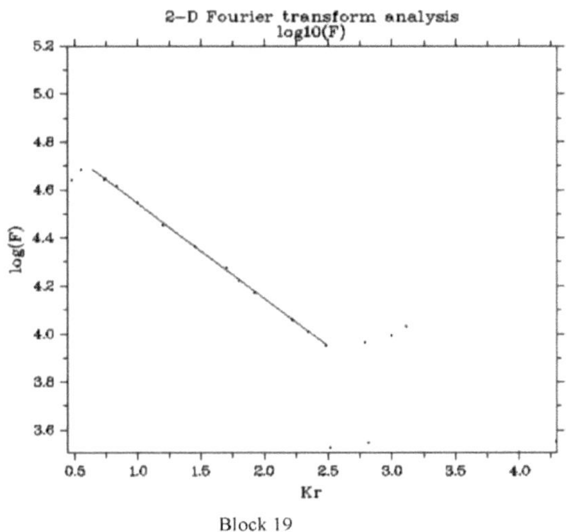

Block 19

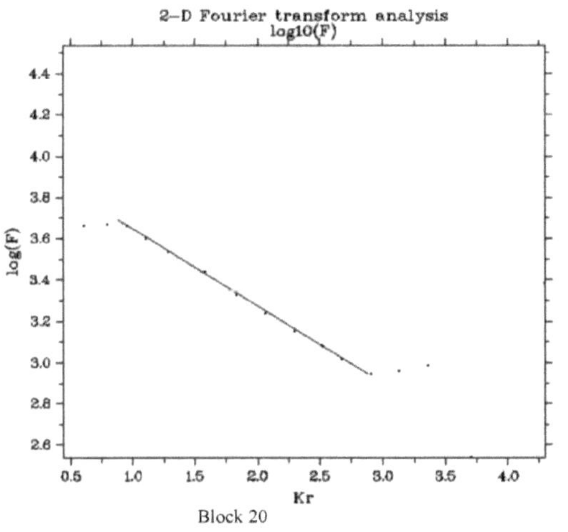

Block 20

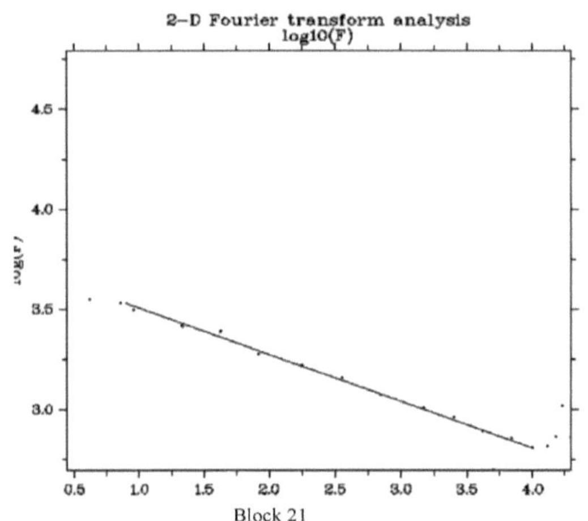

Block 21

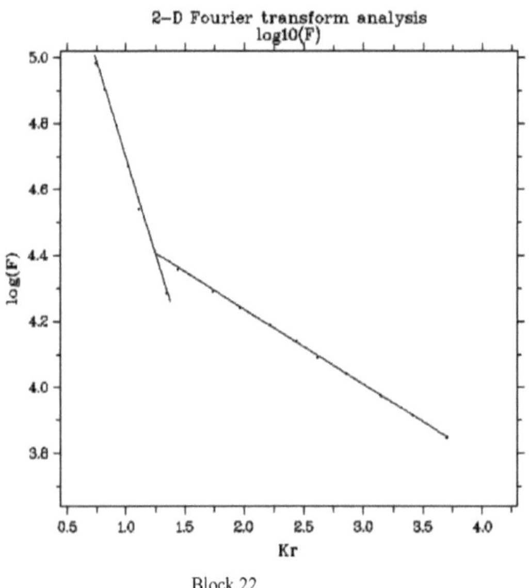

Block 22

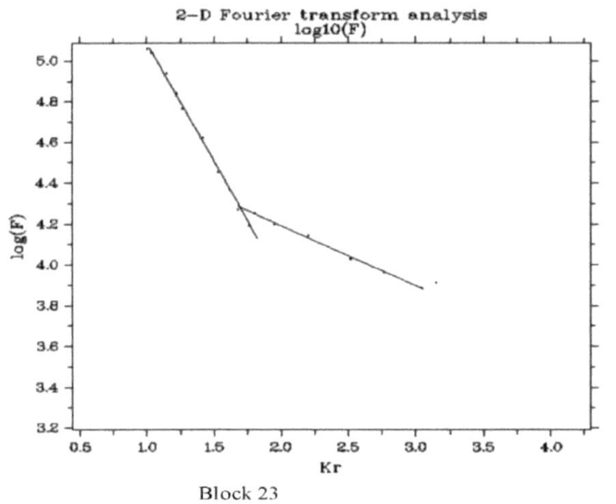

Block 23

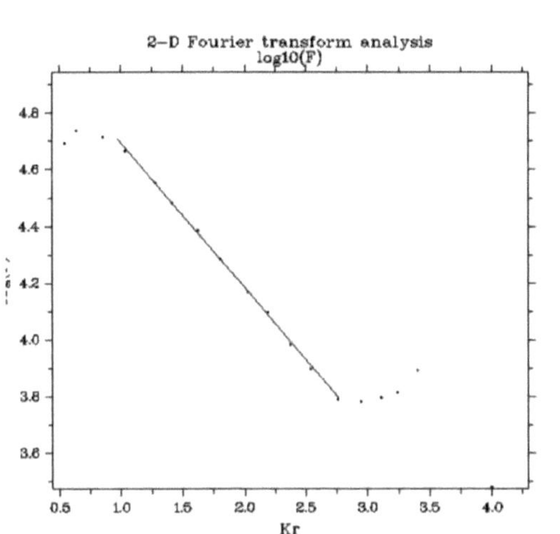

Block 24

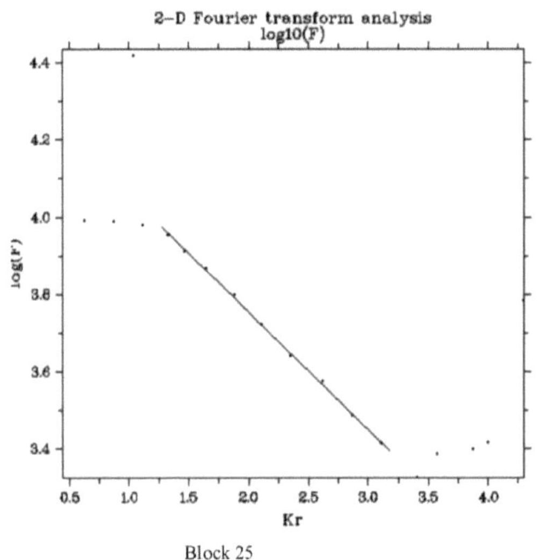

Block 25

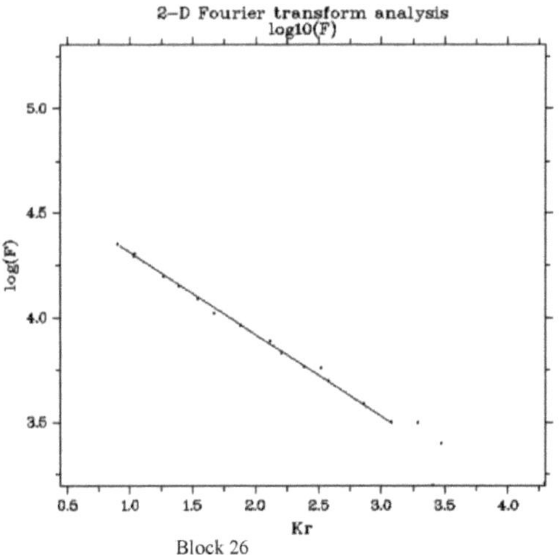

Block 26

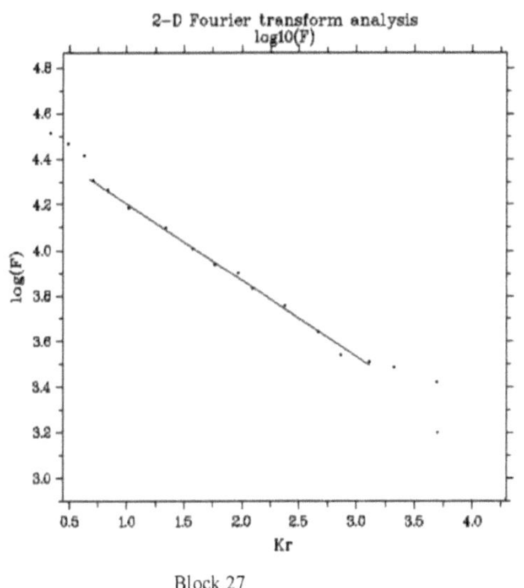

Block 27

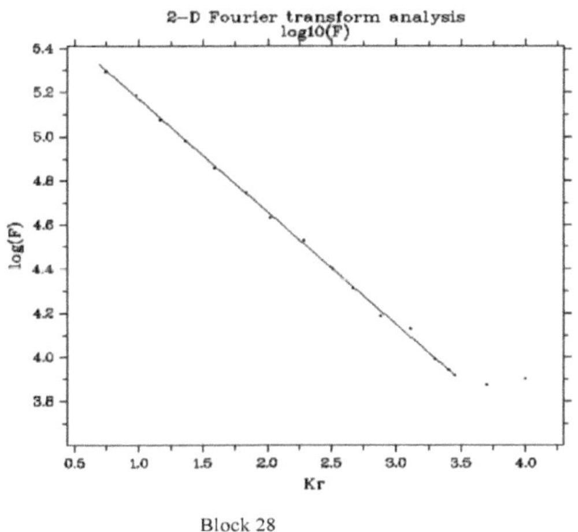

Block 28

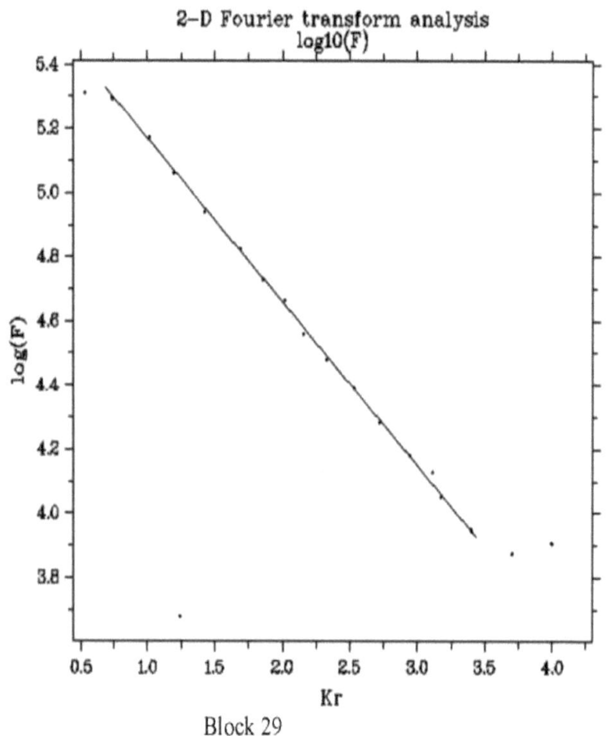

Block 29

Generic data

Dimensions: 16 x 16 (km)

Spacing: 1.00 x 1.00 (km)

Rad. spectre depths:

$|Slope|$= 0.511 (km)

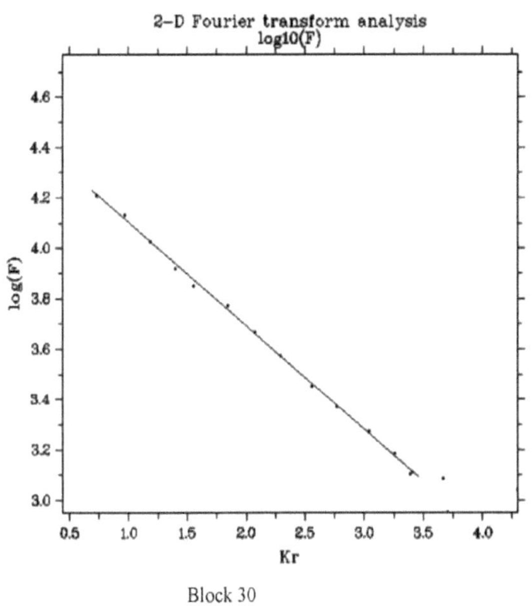

Block 30

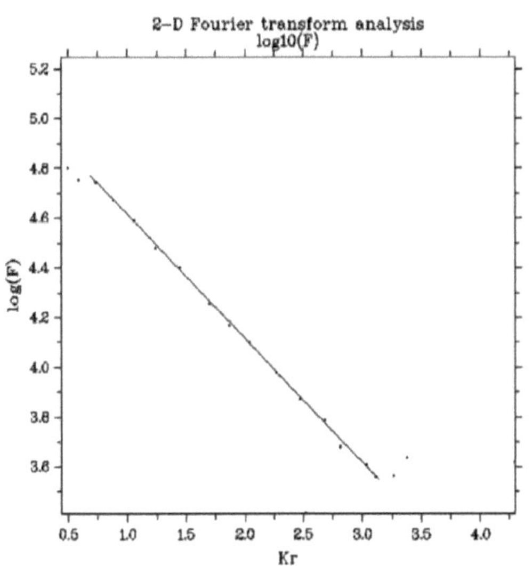

Block 30

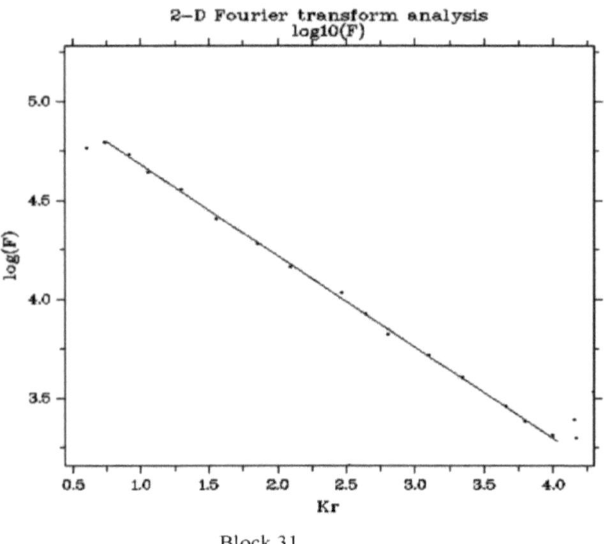

Block 31

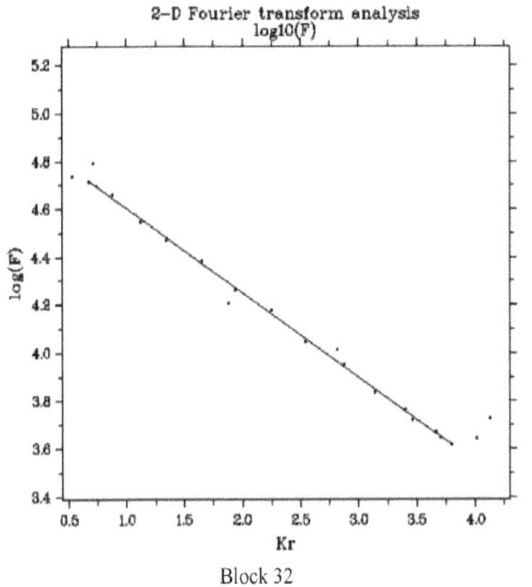

Block 32

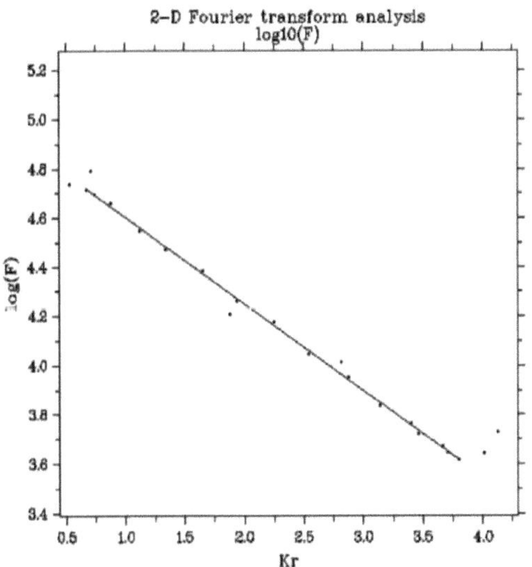

Block 33

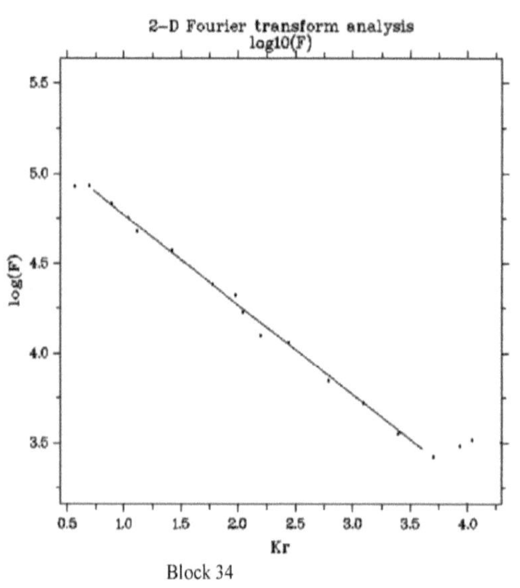

Block 34

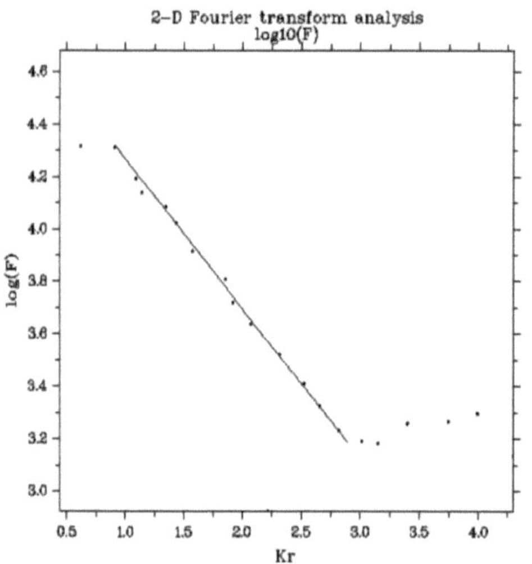

Block 35

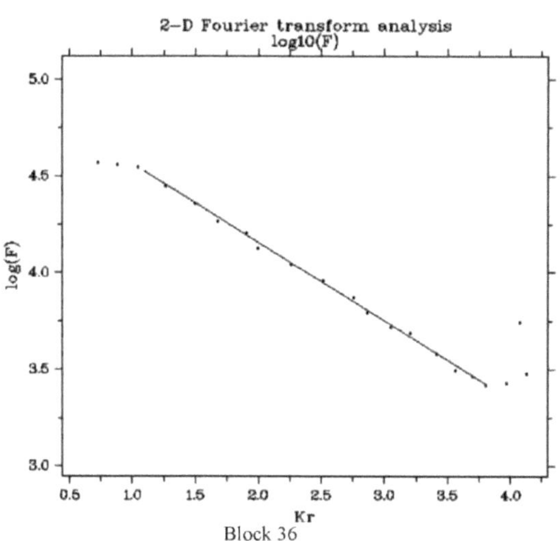

Block 36

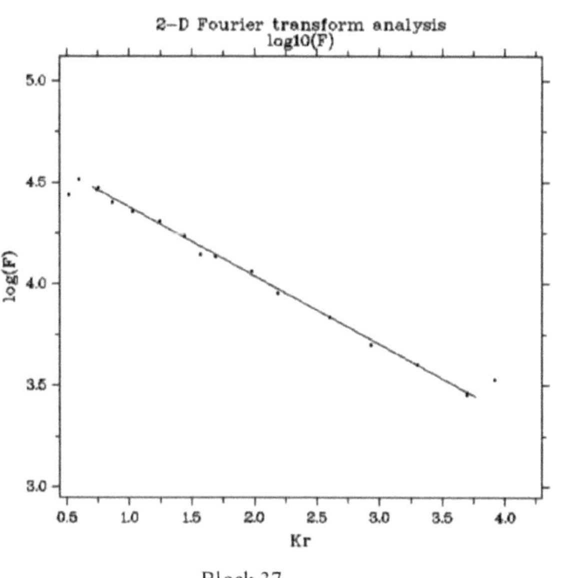

Block 37

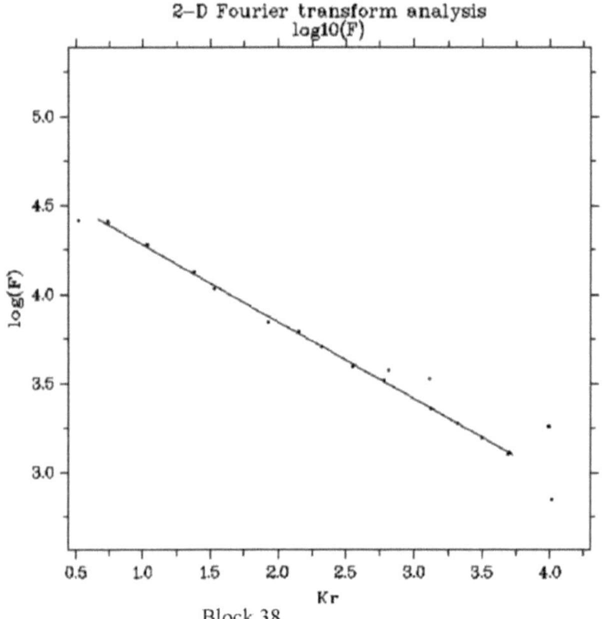

Block 38

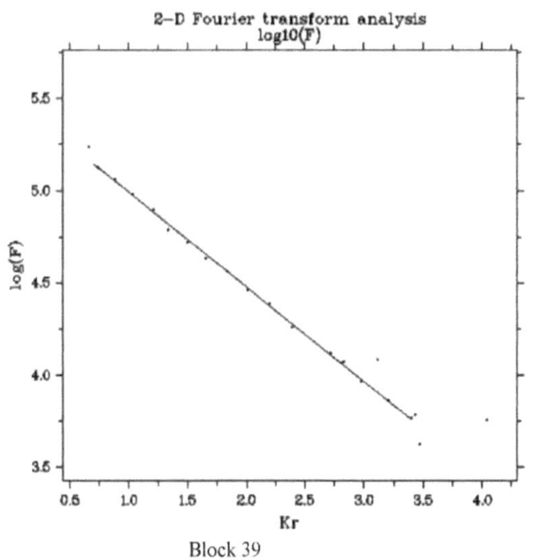

2-D Fourier transform analysis
log10(F)
5.5
5.0
4.5
4.0
3.5
log(F)
0.5 1.0 1.5 2.0 2.5 3.0 3.5 4.0
Kr
Generic data
Dimensions: 16 x 16 (km)
Spacing: 1.00 x 1.00 (km)
Rad. spectre depths:
|Slope|= 0.613 (km)

2-D Fourier transform analysis
log10(F)
6.0
5.8
5.6
5.4
5.2
5.0
4.8
4.6
4.4
4.2
log(F)
0.5 1.0 1.5 2.0 2.5 3.0 3.5 4.0
Kr
Generic data
Dimensions: 16 x 16 (km)
Spacing: 1.00 x 1.00 (km)
Rad. spectre depths:
|Slope|= 0.639 (km)

Block 39

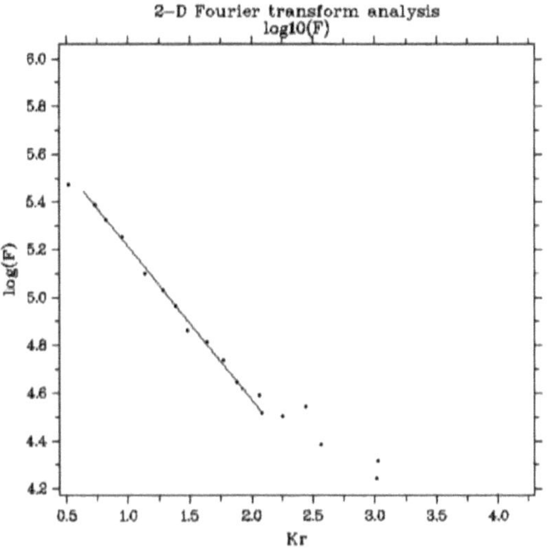

Block 40

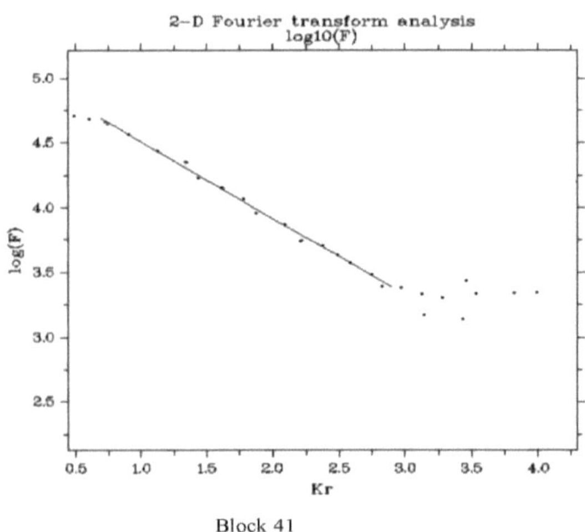

Block 41

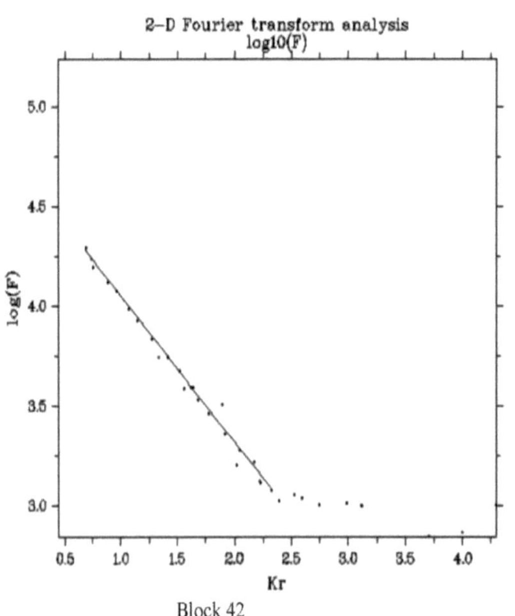

Block 42

86

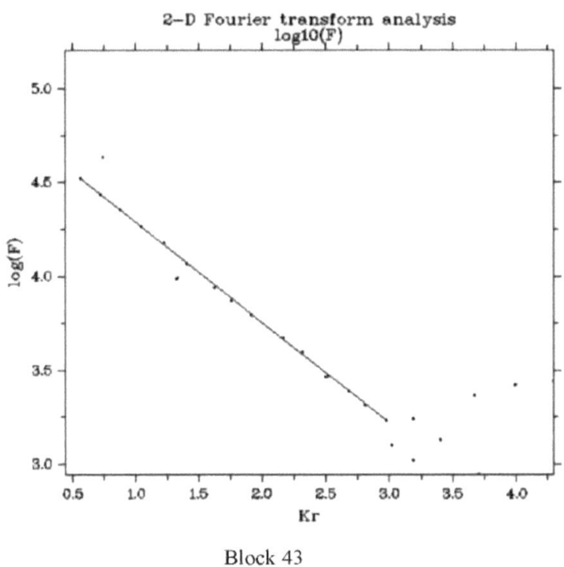

Block 43

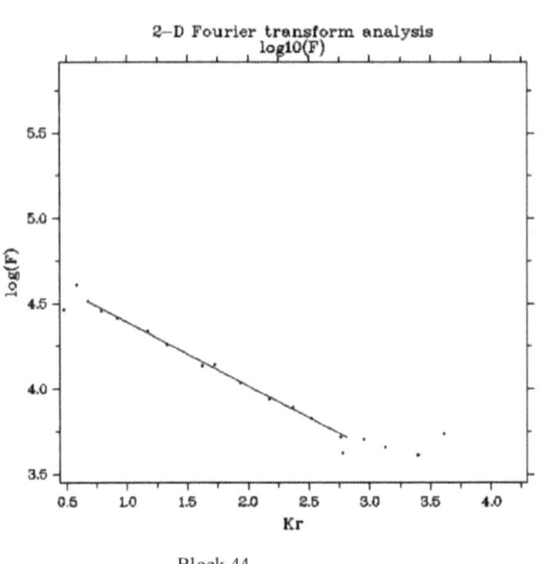

Block 44

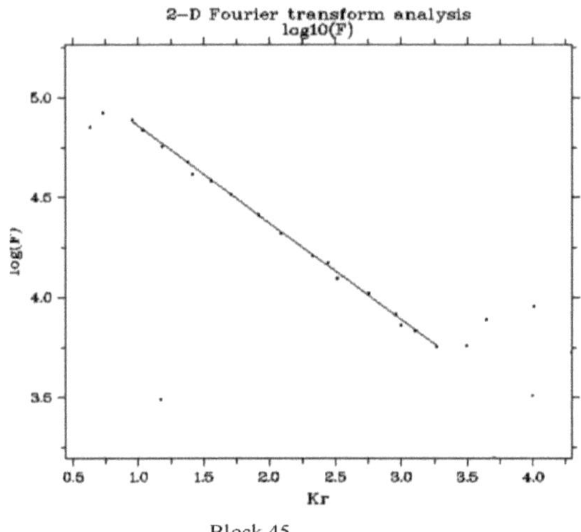

Block 45

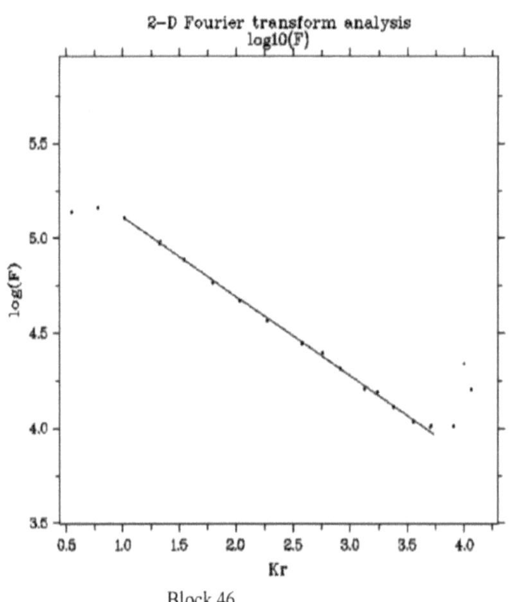

Block 46

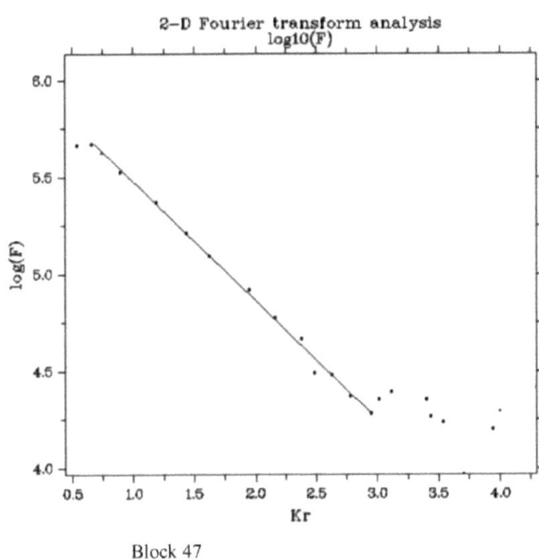

Block 47

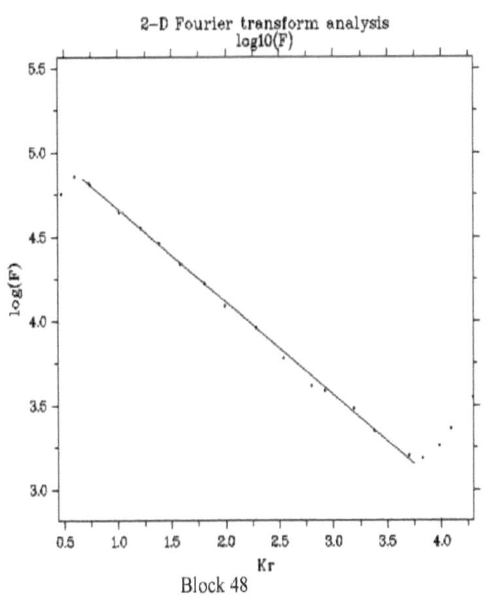

Block 48

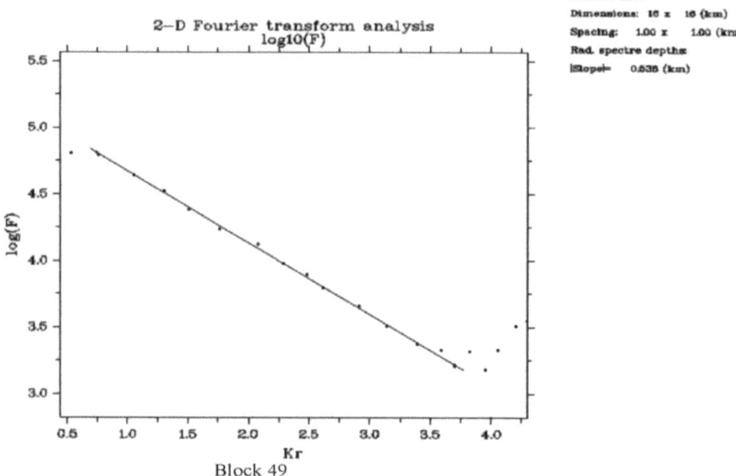

Figura 14. Gráficos do logaritmo das energias espectrais para os blocos 1-49

APÊNDICE B

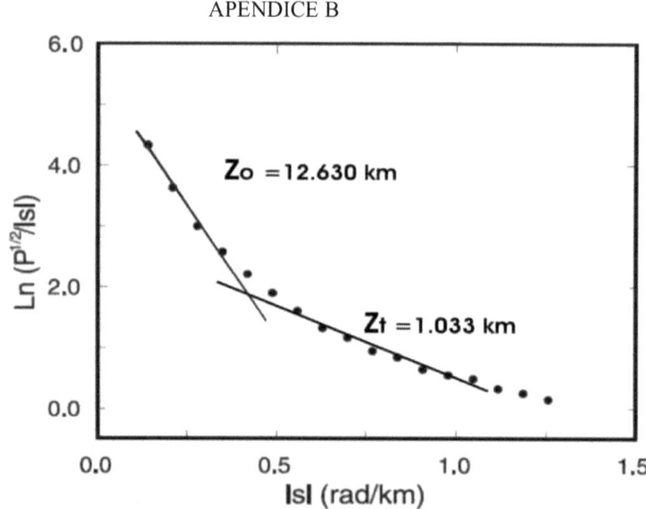

Block 1

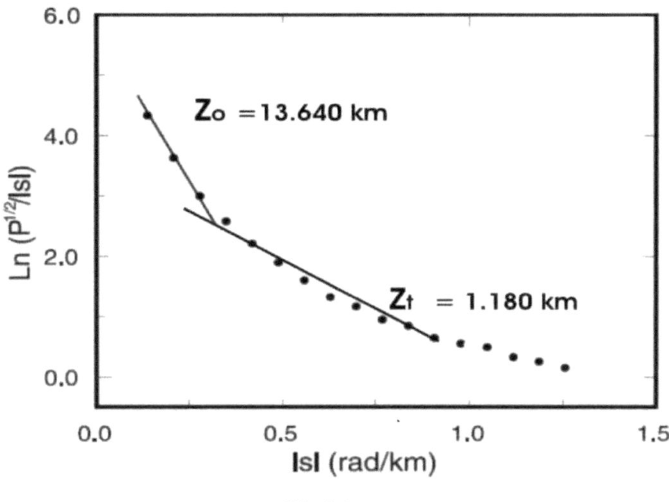

Block 2

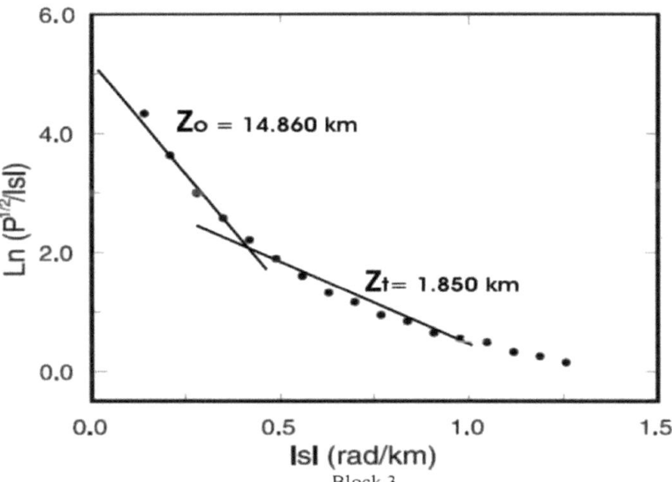

Block 3

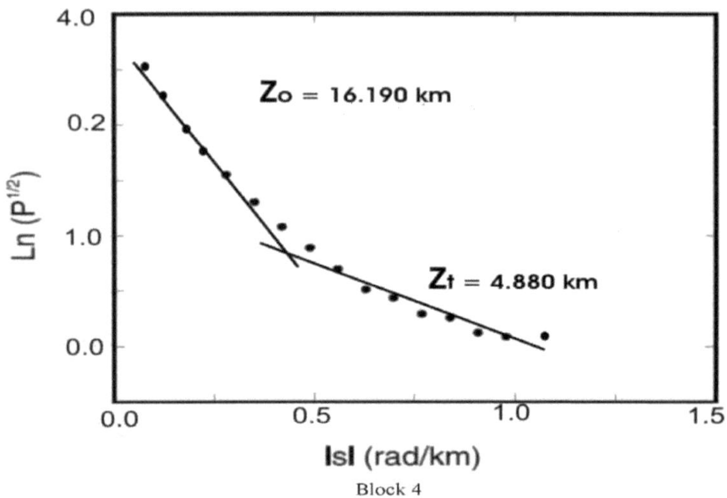

Block 4

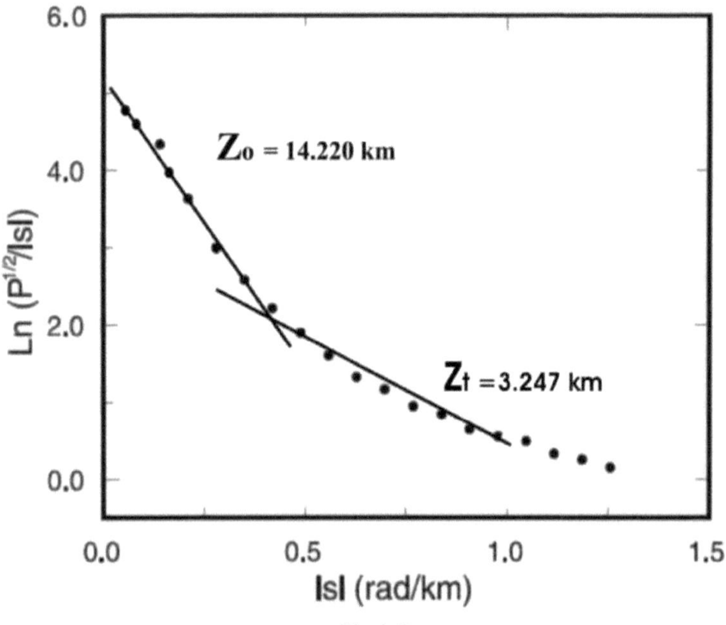

Block 5

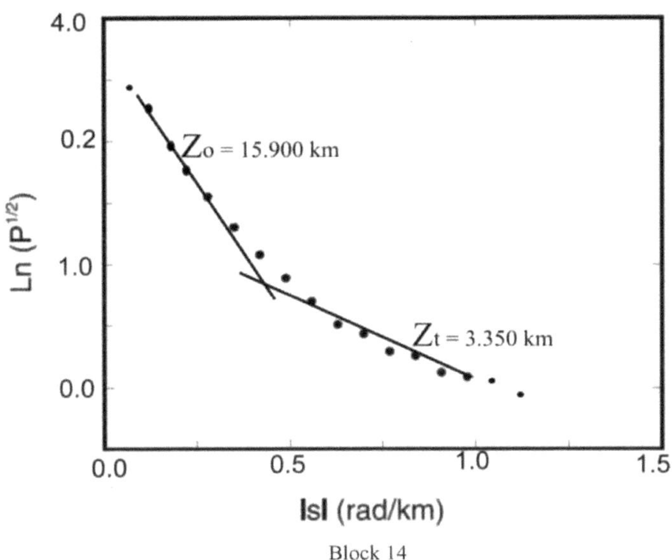

Block 14

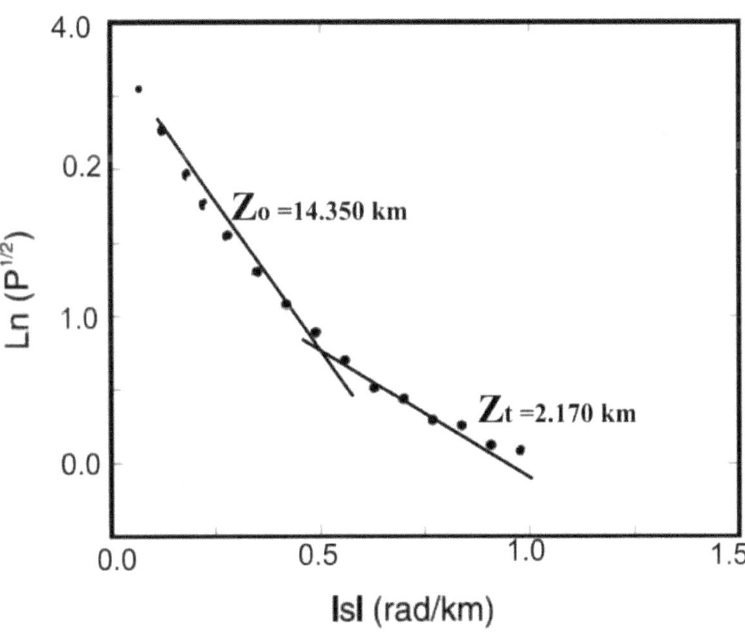

Block 15

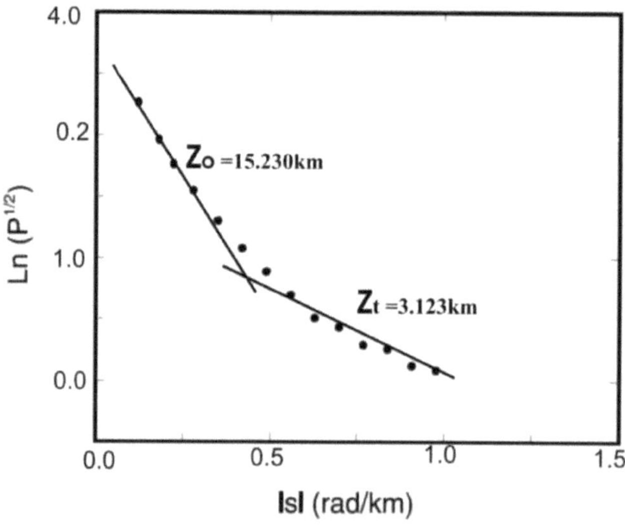

Block 16

Figura 20. Gráficos do logaritmo das energias espectrais para os blocos 1-16

I want morebooks!

Buy your books fast and straightforward online - at one of world's fastest growing online book stores! Environmentally sound due to Print-on-Demand technologies.

Buy your books online at
www.morebooks.shop

Compre os seus livros mais rápido e diretamente na internet, em uma das livrarias on-line com o maior crescimento no mundo! Produção que protege o meio ambiente através das tecnologias de impressão sob demanda.

Compre os seus livros on-line em
www.morebooks.shop

Printed by Books on Demand GmbH, Norderstedt / Germany